FORSCHUNGSBERICHTE DES LANDES NORDRHEIN-WESTFALEN

Nr. 2092

Herausgegeben im Auftrage des Ministerpräsidenten Heinz Kühn
von Staatssekretär Professor Dr. h. c. Dr. E. h. Leo Brandt

DK 552.574.12:543.82

Prof. Dr. phil. habil. Carl Kröger

Institut für Brennstoffchemie der Technischen Hochschule Aachen

Einfluß der Kohlestruktur auf das Verhalten von Kohlen und Kohle-Komponenten bei unterschiedlichen Schwelprozessen

SPRINGER FACHMEDIEN WIESBADEN GMBH 1970

ISBN 978-3-663-20068-0   ISBN 978-3-663-20427-5 (eBook)
DOI 10.1007/978-3-663-20427-5
Verlags-Nr. 012092

© 1970 by Springer Fachmedien Wiesbaden

Ursprünglich erschienen bei Westdeutscher Verlag GmbH, Köln und Opladen 1970

Gesamtherstellung: Westdeutscher Verlag

Inhalt

Einleitung 5

1. Schwelverfahren 5

2. Ausgangskohlen 6

3. Das Ausbringen an Teer, Bildungswasser und Gas 10

4. Zusammensetzung der Schwelprodukte 12

5. Ausbringen der Schwelkomponenten in Abhängigkeit von den Analysenwerten und der Verfahrensart 15
   5.1 Gesamtgas und Einzelkomponenten 15
   5.2 Wasser 17
   5.3 Teer 17

6. Das Ausbringen in Abhängigkeit von der Kohlestruktur 18
   6.1 Steinkohlen 18
   6.2 Braunkohlensubstanzen 20

7. Teerzusammensetzung und Wachs/Harz-Struktur 23

8. Literaturverzeichnis 28

9. Anhang 29

Einleitung

Die in unterschiedlicher Form durchgeführten Schwelverfahren stellen eine der Hauptmöglichkeiten zur Klärung der Kohlestruktur dar, so daß sie immer wieder zu diesem Zweck herangezogen werden. Untersucht werden dabei einmal das Ausbringen an Schwelprodukten nach Menge und Art und seine Temperaturabhängigkeit, zum anderen der Schwelmechanismus durch kinetische Analyse der ablaufenden thermischen Zersetzungsreaktionen. Der Wert dieser Arbeiten für eine Strukturaufklärung ist insofern begrenzt, als meist keine reinen Macerale, sondern Flözkohlen eingesetzt werden und ferner die gewonnenen Aussagen nur auf Strukturelemente eines sogenannten mittleren Kohlemoleküls bezogen werden konnten. Die vom Verfasser aufgestellte Theorie vom Aufbau der Kohlen aus drei Grundkomplexen [1] ergibt nun die Möglichkeit, Kohleeigenschaften als Summenwerte dieser drei Grundkomplexe darzustellen. In dieser Arbeit sollen daher die Beziehungen aufgezeigt werden, die bei unterschiedlichen Schwelverfahren zwischen dem Gehalt an den Grundkomplexen und dem Ausbringen an Schwelprodukten und zwischen der sich mit der Inkohlung ändernden Zusammensetzung der Grundkomplexe und der Zusammensetzung der Schwelprodukte bestehen.

1. Schwelverfahren

Für die Untersuchungen wurden die folgenden Schwelverfahren herangezogen:

A. Hochvakuumschwelung bei 575°C, Einsatzmengen 25–50 g, Anheizzeit 3,5 Std., Schwelzeit 100 Std. [2].
B. Hochvakuumschwelung bei 480–525°C, Einsatzmenge 8–10 g, Anheizzeit 10,4 Std., Schwelzeit bei 480–525°C: 8 Std. [3].
C. Mikrospülgasschwelung, Einsatzmenge 1 g, Spülgas: nachger. Stickstoff, Schweltemperatur 550°C, Anheizzeit 5 Min. 20 Sek., Schwelzeit 10 Min. [4].
D. Schwelungen nach dem Verfahren von Fr. Fischer, H. Schrader [5], Normaldruckschwelung bei 500 bzw. 600°C, Anheizzeit 35 Min., Schwelzeit 20 Min.
E. Schnellschwelung nach dem Lurgi-Ruhrgas-Verfahren [6], Aufheizung mittels fester Wärmeträger in ca. 10 Sek., Schweltemperatur 600°C.
F. Stufenweise Hochvakuumschwelung im Bereich von 175 bis 575°C [8].

Die Verfahren A–E fanden für die Schwelung von Steinkohlen, das Verfahren F für die Schwelung der Braunkohlen-Substanzen Anwendung. Die Skizze für die Versuchsanordnung für das Verfahren A gibt Abb. 1. Die Kohle befindet sich in der Supremaxretorte (Abb. 1a) auf etagenweise im Abstand von 5 bis 8 mm eingesetzten Quarztellern. Ihre Vortrocknung und Vorentgasung erfolgt durch 24–48stündiges Erhitzen im Vakuum auf 120°C. Danach wurden nach N_2-Einlaß Analysenproben gezogen und darauf auf Schweltemperatur aufgeheizt. Die Kondensation der Teere erfolgt in zwei Stufen, bei Raumtemperatur und bei –75°C. Die Absorptionsgefäße 6 und 7 dienen zur Entfernung von Schwefelwasserstoff bzw. Ammoniak und letzter Wasserreste. Das durch die Pumpen erzeugte Endvakuum lag bei 10^{-4} Torr. Die entwickelten Gase wurden über eine Quecksilber-Membran-Gassammelpumpe in dem angeschlossenen Eudiometer aufgefangen.

Abb. 2 und 2a geben die Skizze der Versuchsanordnung und des Schwelgefäßes für Verfahren B. Die Schwelung wurde unter den bereits genannten Bedingungen analog Verfahren A durchgeführt. Die Schwelwassermenge konnte jedoch in der Teerleichtfraktion nicht bestimmt werden.

Bei beiden Verfahren wurde nach Beendigung der Schwelung in Stickstoff abgekühlt, der Koks aus der Retorte bzw. mit der Retorte (Verfahren B) ausgewogen, das Kondensat den Fallen entnommen bzw. in Aceton aufgenommen und letzteres dann wieder in Stickstoff abdestilliert.

Die Versuchsanordnung des Spülgas-Mikroschwelverfahrens gibt Abb. 3. Die Kondensation von Teer und Wasser erfolgt in den Kühlfallen bei $-80°C$. Schwelrohr und 1. Falle sind aus Quarz. In dem mit Watte gefüllten U-Rohr werden letzte Reste von Teer und Wassernebeln niedergeschlagen. Die mit Kalziumchlorid gefüllte Sperre Sp dient zum Schutz gegen eindringende Luftfeuchtigkeit. Alle Wägungen erfolgten auf einer Analysenwaage. Zur Ermittlung des Wasseranteiles im Kondensat diente das Extraktionsverfahren nach K. FISCHER [7]. Die Fehlergrenze der Teerbestimmung liegt bei $\pm 0,2\%$, der von Koks bei $\pm 0,1\%$ und von Gas bei $\pm 0,3\%$.

Die nach Verfahren D und E erhaltenen Ergebnisse entstammen Untersuchungen der Bergbauforschung, Essen, bzw. sind den Veröffentlichungen von W. PETERS [6] entnommen.

Die Schwelungen der Braunkohlen-Substanzen erfolgten in der Apparatur gemäß Verfahren A, nur daß die Verschwelung in einzelnen, um $50°C$ differierenden Temperaturstufen im Bereich von 175 bis $525°C$ durchgeführt wurde. Die Schwelzeit pro Temperaturstufe betrug im Bereich der Hauptteerbildung jeweils etwa 24–40 Std. (s. [8]).

Vor Einstellung der 1. Stufe ($175°C$) erfolgte, wie bei Verfahren A, eine etwa 150-stündige Vortrocknung und Vorentgasung bei $125°C$, bei der im wesentlichen adsorbiertes Wasser entbunden wurde.

2. Ausgangskohlen

Für die oben genannten Schwelverfahren wurden die unterschiedlichsten Kohlen eingesetzt, und zwar bei den Steinkohlen Flözkohlen, geklaubte Glanz- bzw. Mattkohlen und daraus gewonnene Maceralfraktionen, bei den Braunkohlen die Humussubstanz, d. h. die mit dem Azeotrop Benzol-Alkohol entbituminierte und mit 1 n-Salzsäure entmineralisierte Kohle [8] und deren Zerlegungsprodukte – Huminsäure und Restkohle einerseits bzw. Dimethylformamid-Extrakt und Restkohle andererseits. Die Analysendaten für die Steinkohlen sind in Tab. 1 und 2, die der Braunkohlenprodukte in Tab. 3 zusammengestellt.

Tab. 1 Analysendaten (% waf) der Steinkohlen
Vi = Vitrinit, Ex = Exinit, In (Mi/Sf) = Inertinit (Mikrinit/Semifusinit)

Flöz	Bez.		Macer. geh. (Vol.-%)	% Fl	% C	% H	% O	% N+S	Literatur
R	Vi	a	99	36,8	82,4	5,3	9,2	3,1	[2]
		b$_1$	92	37,2	82,1	5,7	9,8	2,5	[3] Nr. 5
		b$_2$	90	35,1	82,4	5,5	9,8	2,3	[3] Nr. 6
	Ex		94	69,2	83,3	7,2	7,4	2,1	[2]
	In	a	95	20,7	85,5	3,8	8,7	2,0	[2]
		b	81	25,3	85,7	4,2	8,2	2,0	[3] Nr. 7
Zollv.	Vi	a	99	29,9	84,9	4,9	8,0	2,2	[2]
		b	99	30,0	86,5	5,5	5,9	2,2	[3] Nr. 4
	Ex		96	58,0	86,4	6,8	4,9	1,9	[2]
	In		94	21,2	88,3	4,0	5,7	2,0	[2]
Flözk.	Z$_4$		–	32,4	86,4	4,8	6,2	1,8	Bgb.-Forsch.
Anna	Vi	a	97	25,8	86,6	5,0	5,5	3,0	[2], [3] Nr. 1
		b	98	28,1	86,5	5,2	5,3	3,0	[3] Nr. 8
	Ex	a	97	35,6	88,1	5,8	4,0	2,1	[2], [3] Nr. 2
		b	85	34,0	88,0	5,7	2,7	3,6	[3] Nr. 9
	In		80	22,8	86,8	4,1	6,7	2,4	[2], [3] Nr. 3
Anna Mattk.			Vi: 86 In: 12	27,0	87,0	5,0	4,5	3,6	[3] Nr. 10
Ida			–	26,2	87,7	5,0	4,6	1,7	Bgb.-Forsch.
Fritz Anna									
	Vi	b	98	25,2	87,6	4,5	– 8,0 –		[3] Nr. 11
	In	b	Vi: 61 In: 39	22,3	87,1	4,4	4,7	3,8	[3] Nr. 12
Karl Flözk.			–	24,2	88,4	4,9	3,9	2,8	Bgb.-Forsch.
Ewald Flözk.			–	23,8	88,2	5,2	3,9	2,7	[6]
Wilh.	Vi	a	99	22,3	89,0	5,0	3,9	2,3	[2]
Waldorf			–	22,2	89,0	4,8	3,6	4,7	Bgb.-Forsch.
Hanna US			–	44,8	76,2	5,6	16,7	1,6	[6]
Leopold			–	38,2	81,2	5,6	8,7	4,5	[6]

Die Zerlegung der Humussubstanz in Huminsäure und Restkohle (Humin) erfolgte durch eine 2- bis 5stündige Extraktion mit 13,5n-Kalilauge bei 115°C in Stickstoffatmosphäre – die Zerlegung mit N,N-Dimethylformamid (DMF) durch eine ~ 96stündige Soxhletextraktion in N$_2$-Atmosphäre mit anschließender mehrtägiger Trocknung der Produkte bei 50°C über Phosphorpentoxid im Wasserstrahl- bzw. Ölpumpen-Vakuum (1–2 Torr).

Tab. 2 *Maceralfraktionen Flöz Zollverein*
Verfahren C, s. [9]
(R = % Gehalt an O, N und S)

Nr. Macer.		Trenn-dichte g/cm³ wf	Fl % waf	H % waf	R % waf	Petrogr. Anal.		
						In	Vi Vol.-%	Ex
6	In	1,344	22,7	4,41	7,0	98	–	2
8	In	1,387	20,9	4,03	7,3	99	–	1
10	Ex	1,196	59,1	7,19	6,3	3	–	97
17	In	1,391	21,0	4,20	8,0	99	–	1
19	Ex	1,186	55,7	6,76	6,1	3	–	97
21	In	1,330	25,3	4,79	5,9	93	1	6
26	Vi	1,264	32,4	5,25	8,5	–	99	1
27	Vi	1,274	31,8	5,22	9,5	–	99	1
29	Vi	1,291	30,4	5,09	8,7	1	99	–
30	Vi	1,298	29,5	5,17	8,8	4	95	1
33	Vi	1,264	32,0	5,25	7,8	–	99	1
34	Vi	1,271	31,0	5,32	7,6	1	99	–
35	Vi	1,273	30,8	5,24	7,7	2	98	–
36	Vi	1,269	28,5	4,83	7,7	8	91	1
39	Vi	1,273	30,1	5,07	9,3	1	98	1
40	Vi	1,267	31,0	5,32	8,1	2	96	2
1 F	Vi	–	–	5,16	10,3	–	–	–
IVB	In	–	–	4,22	8,9	–	–	–
VB	In	–	–	4,20	8,0	–	–	–
III	In	–	–	4,23	9,6	–	–	–

Tab. 3 *Analysendaten der Braunkohle und ihrer Zerlegungsprodukte*

Kohle	Asche % (wf)	C	H	N % (waf)	S	O	H/C	O/C	R/C
Br.K. UK 3	4,76	64,4	4,72	0,55	0,46	29,9	0,872	0,348	0,361
entbit. K.	4,96	63,7	4,98	0,63	0,53	30,1	0,930	0,355	0,369
entbit. entmin. K. (Humussubst. I)	0,31	64,54	4,54	0,70	0,59	29,6	0,838	0,344	0,360
Huminsäure	0,64	63,67	4,00	0,49	0,56	30,8	0,747	0,363	0,381
Restk. (Humin)	0,68	64,8	5,40	0,36	0,42	28,9	0,991	0,335	0,345
Humussubst. II	–	63,94	4,09	0,97	0,53	30,5	0,762	0,357	0,375
DMF-Extrakt	–	64,82	4,95	5,13	0,76	24,3	0,909	0,282	0,350
DMF-Restk.	0,34	64,80	5,54	4,73	0,51	24,4	1,018	0,283	0,343

Die Zerlegungsoperationen erbrachten folgende Ausbeuten [8]:

    die Benzol-Alkohol-Extraktion: 8,32% der wf Kohle
    die KOH-Zerlegung der entbit. entmin. Kohle: 59,4% Huminsäure
    23,7% Restkohle (Humin)
    die DMF-Zerlegung: 22,4% Extrakt und
    73,2% Restkohle

Die KOH-Zerlegung ist mit einem Substanzverlust verbunden, der von den Zerlegungs- und Aufarbeitungsbedingungen abhängig ist. Trotz sorgfältigster Einhaltung konstanter Bedingungen auch hinsichtlich Sauerstoff-Abschluß und der Entfernung adsorptiv gebundenen Wassers, sind diese Substanzverluste nach Art und Menge und auch die Zusammensetzung der anfallenden Produkte in gewisser Breite nicht konstant. Das trifft für jegliche aus Braunkohle durch Naßoperationen gewonnene Produkte zu. Die Verluste bei der alkalischen Zerlegung bestehen aus Fulvosäuren, Wasser, Kohlenmon- und -dioxyd [10].

Demgegenüber tritt bei der DMF-Zerlegung neben einer adsorptiven hauptsächlich eine chemische Bindung des Lösungsmittels auf Grund folgender Umsetzungen ein [8]:

$$\text{Protolyse } a_1: \quad ROH + H \cdot CO \cdot N(CH_3)_2 \rightleftharpoons HN(CH_3)_2 + HCO \cdot OR$$
$$a_2: \quad HCO \cdot OR \rightleftharpoons HOR + CO$$
$$\text{Aminierung } b: \quad RCO \cdot OH + HN(CH_3)_2 \rightleftharpoons RCO \cdot N(CH_3)_2 + H_2O$$

Gesamtreaktion:
$$HOOC(R=Kohle)OH + HCON(CH_3)_2 \rightleftharpoons \underbrace{HO(R=Kohle) \cdot CON(CH_3)_2}_{\text{DMF-Kohle}} + H_2O + CO$$

Aus der Stickstoffaufnahme des DMF-Extraktes und der DMF-Restkohle läßt sich nun ersehen, daß für eine Struktureinheit mit 100 C-Atomen von Extrakt bzw. Restkohle beim Extrakt nach obiger Summenformel sich 6 Mole DMF umgesetzt haben. Hierbei sind 5,74 Mole H_2O und 4,1 Mole CO entstanden, letzteres wohl auch dadurch mit bedingt, daß die Humussubstanz II (s. Tab. 3) gegenüber der Humussubstanz I bei der Aufarbeitung eine gewisse Oxydation erfahren hatte. Die entsprechenden Werte für die Restkohle betragen 5 Mole DMF, 4,25 Mole H_2O und 4,25 Mole CO.

Die Umsetzung ist somit entsprechend den Teilprozessen a_1, a_2 und b nicht vollständig verlaufen, d. h. neben der Umsetzung sind beim Extrakt 0,26 Mol DMF absorbiert, und 5,7 Mole haben in Form von $HN(CH_3)_2$ reagiert, wobei 1,64 Mole CO als Ester gebunden blieben. Bei der Restkohle betragen diese Werte 0,75 bzw. 4,25. Eine Kohle-Esterbildung unterblieb.

Berücksichtigt man dies, so hat die Humussubstanz II (s. die H/C-, O/C- und R/C-Werte Tab. 3) durch DMF die folgende verlustlose Disproportionierung erfahren.

Humussubstanz II: $\quad C_{100}H_{76,2}O_{35,7}(N+S)_{1,7}$, $R = 37,4$
DMF-Extrakt korr.: $\quad C_{100}H_{70,1}O_{37,2}(N+S)_{1,05}$, $R = 36,85$
DMF-Restkohle korr.: $\quad C_{100}H_{84,4}O_{35,6}(N+S)_{1,24}$, $R = 36,85$

d. h. es erfolgte eine der KOH-Zerlegung entsprechende auf dem Unterschied im COOH-Gehalt beruhende Disproportionierung (s. Abb. 4).

Die DMF-Extrakte und -Restkohlen mit folgenden Summenformeln (s. H/C-, O/C- und R/C-Werte Tab. 3)

DMF-Extrakt: $\quad C_{100}H_{90,9}O_{28,2}(N+S)_{6,9}$, $R = 35,1$
DMF-Restkohle: $\quad C_{100}H_{101,8}O_{28,3}(N+S)_{6,1}$, $R = 34,4$

enthalten somit an eingebauter, aus DMF entstammender Substanz etwa folgende Mengen: Extrakt 15,7%, Restkohle 12,2%.

3. Das Ausbringen an Teer, Bildungswasser und Gas

In Tab. 7 sind die nach Verfahren A und B erhaltenen Ausbeuten an Schwelprodukten in g/100 g waf Kohle angegeben. Tab. 5 gibt diese Werte für das Verfahren C, wobei gleichzeitig noch die aus den Analysenwerten (s. Tab. 2) errechneten atomaren H/C- und O/C-Werte der Ausgangsstoffe und die sich daraus ergebenden Grundkomplexgehalte mit aufgeführt sind.
Tab. 6 gibt die Werte für das FISCHER-Verfahren (D) und die Schnellschwelung nach dem LURGI-Ruhrgas-Verfahren (E*).
Die an den Braunkohlensubstanzen erhaltenen Ausbeuten sind in Tab. 4 zusammengefaßt.

Tab. 4 Ausbeute an Pyrolyse-Endprodukten in g/100 g der Braunkohlensubstanzen

Kohlenart	Reakt. H_2O	Leichtfrakt.	Schwerfrakt.	Gesamtteer	Gas	Koks	Diff. gegen Einsatz (g)
entbit. K.							
Versuch I	7,30	0,83	1,71	2,54	33,82	62,21	+ 5,87
Versuch II	12,44	1,41	1,61	3,01	28,97	62,50	+ 6,93
Humins.	13,34	0,24	0,29	0,53	23,33	61,17	− 1,64
Restkohle	13,01	7,17	7,66	14,83	18,28	51,81	− 2,07
DMF-Extrakt	13,83	5,60	3,61	9,21	15,65	60,75	− 0,57
DMF-Restkohle	13,98	3,79	4,19	7,98	22,00	56,05	+ 0,01

Tab. 5 Ausbeuten an Schwelprodukten (in % waf Kohle) Verfahren C der Maceralfraktionen aus Flöz Zollverein sowie deren Grundkomplexgehalte

Nr.		Schwelprodukte (Gew.-%)				H/C	O/C	WH	OH	DH
		H_2O	Teer	Koks	Gas				(Gew.-%)	
6	In	0,6	5	93	1,4	0,597	0,045	13	8	78
8	In	0,7	3	95	0,6	0,545	0,045	7	6	87
10	Ex	1,3	33	61	5,2	0,997	0,048	65	23	12
17	In	0,9	3	95	1,6	0,572	0,048	9	11	80
19	Ex	0,8	28	68	3,0	0,931	0,038	59	8	33
21	In	0,6	8	88	2,4	0,644	0,045	19	9	72
26	Vi	1,4	10	85	4,0	0,730	0,051	29	20	51
27	Vi	1,7	12	83	3,5	0,734	0,053	29	21	50
29	Vi	1,7	10	83	4,8	0,708	0,055	25	24	51
30	Vi	1,6	12	82	4,4	0,721	0,057	26	26	48
33	Vi	1,4	15	78	5,5	0,739	0,055	29	25	46
34	Vi	1,7	13	79	6,2	0,733	0,058	27	27	46
35	Vi	1,9	13	78	6,7	0,722	0,061	25	32	43
36	Vi	1,2	8	86	3,4	0,662	0,054	19	21	60
39	Vi	1,4	10	84	4,9	0,711	0,054	25	23	52
40	Vi	1,6	11	83	3,7	0,737	0,055	29	25	46
1 F	Vi	−	13	80	5,1	0,732	0,052	29	21	50
IVB	In	0,6	5	92	1,7	0,583	0,044	12	6	82
VB	In	0,5	4	94	1,2	0,575	0,039	13	0	87
III	In	−	3	94	1,8	0,589	0,048	12	11	77

* Diese Werte wurden uns freundlicherweise von Herrn Prof. W. PETERS, Bergbauforschung, Essen, zur Verfügung gestellt.

Tab. 6 Schwelausbeuten nach Verfahren D und E

	Zeichen	H$_2$O	Öl	Teer	Gas	Koks	Zeichen	Gas
D (500°C)							*D* (600°C)	
Hanna USA	–	10,1	14,9	9,7	65,3			
Leopold	f$_5$	5,5	11,2	6,5	76,9		F$_5$	10,0
Zollv.	f$_3$	2,5	9,6	5,0	82,9			–
Ewald	f$_2$	1,0	6,6	3,9	88,5		F$_2$	9,2
Waltrop	f$_1$	1,5	4,9	5,8	87,8		F$_1$	10,2
Zollv.	f$_9$	1,2	11,1	7,3	80,2			
Ida	f$_8$	0,1	9,2	4,4	86,2			
Karl	f$_7$	0,4	7,3	5,5	86,5			
E								
Leopold	S$_5$	7,5	1,87	16,2	7,0	66,8		
Hanna	–	10,6	2,2	19,8	12,0	–		
Zollv.	S$_3$	–	3,17	13,6	–	–		
Ewald	S$_2$	2,7	1,98	9,1	6,0	–		
Waltrop	S$_1$	3,9	0,51	8,6	6,4	–		

Tab. 7 Ausbeuten an Schwelprodukten (g/100 g waf Kohle) nach Verfahren A und B

Symbol			H$_2$O	Öl	Teer	Gas	Koks
Verfahren A							
Vi	Z	a	2,25	2,29	10,81	7,61	70,40
Vi	Z	b	3,05	3,11	9,89	5,57	70,03
Ex	Z	a	1,63	4,72	36,14	5,21	48,10
In	Z	a	3,12	2,60	6,59	5,04	86,90
Vi	R	a	4,82	1,80	17,45	9,39	64,50
Ex	R	a	3,12	5,27	53,84	7,45	30,20
In	R	a	3,36	1,67	4,44	6,70	83,40
Vi	W	a	0,61	3,03	8,25	5,29	81,30
Vi	A	a	2,97	1,35	7,36	5,31	74,28
Ex	A	a	1,18	2,20	9,41	2,91	74,41
In	A	a	9,37	0,29	0,48	4,85	79,47
Verfahren B			H$_2$O + Öl				
Vi	R	b$_1$	7,28		18,53	7,19	63,83
			5,99		–	6,16	67,92
Vi	R	b$_2$	6,07		15,67	6,72	69,97
			5,09		14,57	6,58	71,21
In	R	b$_1$	4,12		8,10	–	82,36
Vi	A	b	3,34		10,73	5,67	78,96
Ex	A	b	3,29		16,47	6,56	73,00
Mattk. A	b		2,56		10,07	4,88	80,63
			2,70		10,16	5,02	80,20
Vi Fr. A	b		2,14		9,92	5,39	81,39
In Fr. A	b		1,90		7,48	4,89	84,35

4. Zusammensetzung der Schwelprodukte

Die bei den verschiedenen Schwelverfahren und Einsatzkohlen ausgebrachten Produkte – Kokse, Teere und Gase – besaßen die in den folgenden Tabellen aufgeführten Elementarzusammensetzungen:

Tab. 8   Immediat- und Elementarzusammensetzungen der ausgebrachten Kokse

Kohle			H_2O (lftr)	Asche (wf)	% Fl	% C	% H (waf)	% N	% O	% S
Verfahren A										
Vi	Z	a	0,9	1,05	5,8	91,7	2,0	2,0	3,7	0,6
Vi	Z	b	1,23	0,4	6,1	93,0	2,4	2,0	2,2	0,4
Ex	Z	a	1,5	2,9	4,5	93,8	2,2	1,9	1,8	0,3
In	Z	a	0,1	7,4	4,5	89,8	1,9	1,4	6,5	0,4
Vi	R	a	0,6	1,9	6,1	92,2	2,0	2,0	3,1	0,7
Ex	R	a	1,0	2,8	5,0	94,4	2,3	1,8	1,0	0,5
In	R	a	0,03	4,7	5,0	92,7	2,0	1,3	3,6	0,4
Vi	Wi	a	1,34	3,05	5,6	90,7	1,8	2,0	4,9	0,6
Vi	A	a	0,76	1,9	6,5	91,1	2,3	2,1	3,7	0,8
Ex	A	a	0,26	0,21	16,7	90,5	4,3	1,6	7,1	0,5
In	A	a	0,32	40,5	5,4	91,1	2,3	1,6	3,8	1,3
Verfahren B										
Vi	R	b_1	0,92	1,63	10,8	87,7	3,34	1,3	7,3	0,4
Vi	R	b_2	0,6	1,7	9,3	88,8	3,30	1,7	5,7	0,4
In	R	b	0,04	6,33	10,2	90,1	2,65	1,4	5,7	0,2
Vi	A	b	0,54	0,06	9,8	89,3	3,59	2,3	4,0	0,8
Ex	A	b	0,16	0,76	7,9	91,1	3,48	2,3	2,5	0,6
Mattk. A		b	0,13	2,54	10,8	90,2	3,52	2,1	3,2	1,0
Vi Fr.A			0,2	0,4	8,9	89,6	3,10	2,2	4,3	0,8
In Fr.A			0,06	0,5	9,1	90,3	3,16	2,2	3,7	0,7

Zu beachten ist, daß die Flüchtigengehalte der nach Verfahren A hergestellten Kokse naturgemäß niedriger liegen als die nach dem Kurzschwelverfahren B. Die Kokse bei Verfahren A sind alle gleich ausgegart, mit Ausnahme des Koks aus dem Exinit Aa, der etwa noch den dreifachen Flüchtigenwert aufweist.

Tab. 9   Immediat- und Elementaranalyse der nach Schwelverfahren F aus den Braunkohlensubstanzen ausgebrachten Kokse

Kohle	HuS I	HuS II	HS	KOH RK.	DMF Extr.	DMF RK.
% Asche (wf)	7,5	7,4	0,75	1,16	Spur	0,34
% Fl (waf)	18,5	14,3	11,6	10,7	–	–
% C (waf)	87,45	87,83	90,33	91,64	90,3	90,2
% H (waf)	2,5	2,34	2,8	2,6	1,85	1,83
% N (waf)	1,1	0,9	0,8	0,6	2,1	2,5
% S (waf)	–	–	0,44	0,26	0,22	–
% O (waf)	8,9	8,9	5,5	4,7	5,5	5,5

Tab. 10 Elementaranalysen der ausgebrachten Teere
Die Werte für die nach Verfahren A, D und E ausgebrachten Teere beziehen sich auf Gesamtteer, für Verfahren B nur auf die bei Zimmertemperatur kondensierbare Schwerfraktion. $R = (N + O + S)$

Gesamtteer Kohle	% C	% H	% R	H/C	Schwerfraktion Kohle		% C	% H	% R	H/C
Verfahren A					*Verfahren A*					
Vi Z a	83,0	7,2	10,0	1,11	Vi	A	84,3	7,41	8,29	1,06
Vi Z b	84,0	7,8	8,2	1,04	Ex	A	84,0	8,55	7,45	1,22
Ex Z a	83,4	7,8	8,8	1,12	In	A	75,1	6,09	18,81	0,97
In Z a	83,6	8,6	7,8	1,23	Vi	Zollv.	83,7	6,82	9,48	0,98
Vi R a	82,5	7,6	9,9	1,11						
Ex R a	81,9	8,6	9,5	1,26	*Verfahren B*					
In R a	81,4	7,2	11,4	1,06	Vi	R	83,27	7,70	9,03	1,11
Vi Wi a	84,2	8,1	7,7	1,15	Vi	R	83,2	7,89	8,91	1,14
Vi A a	84,8	8,1	7,1	1,14	In	R	83,95	7,57	8,48	1,08
Ex A a	84,2	9,5	6,1	1,36	Vi	A	85,23	7,63	7,14	1,07
In A a	79,9	8,0	12,1	1,20	Ex	A	86,08	8,11	5,81	1,13
					Mattk.	A	85,13	6,76	8,11	0,95
Verfahren D					Vi Fr.	A	85,17	6,90	7,03	0,97
Zollv.	84,5	7,86	7,5	1,03	In Fr.	A	84,45	6,72	8,83	0,95
Ida	86,6	7,24	5,6	1,00						
Karl	85,8	7,35	6,5	1,12						
Verfahren E										
Hanna USA	87,4	8,26	10,0	0,88						
Leopold	87,0	8,50	8,0	0,98						
Zollv.	86,5	8,78	5,7	0,89						
Ewald	88,4	6,4	5,2	0,87						
Waltrop	89,0	6,3	4,7	0,85						

Bei der Schwelung der Humussubstanz nach Verfahren F wurde sowohl die Leicht- und Schwerfraktion des Teeres aufgefangen und analysiert, bei den Schwelungen der Zerlegungsprodukte der Humussubstanz jedoch nur die Schwerfraktionen. Die Werte gibt die Tab. 11.

Tab. 11 Teeranalysen der Braunkohlensubstanzen (waf)

Kohlenart	% C	% H	% O	% N	% S
Leichtfraktion					
entbit. K I	71,47	7,29	19,75	1,49	–
entbit. K II	71,62	7,34	19,50	1,54	–
Schwerfraktionen					
entbit. K I	75,76	7,50	15,55	1,19	–
entbit. K II	75,79	7,27	15,57	1,37	–
Huminsäure	67,86	6,35	24,22	1,57	–
KOH-Restkohle	72,69	6,63	20,02	0,66	–
DMF-Extrakt	68,40	6,32	20,72	3,91	0,65
DMF-Restkohle	72,82	6,60	17,56	2,64	0,39
Gesamtteer					
entbit. K I	74,35	7,41	16,9	1,26	–
entbit. K II	73,83	7,31	17,4	1,46	–

Die an Gesamtgas und an Einzelgasen ausgebrachten Mengen sind den Tab. 12–15 zu entnehmen.

Aus Tab. 12 und 13 ist ersichtlich, daß besonders hohe Gehalte an Kohlenwasserstoffen (KWSt) bei den Exiniten, besonders niedrige bei den Inertiniten zu verzeichnen sind. Daß das KWSt-Ausbringen beim Verfahren A niedriger liegt als bei Verfahren B, ist mit der längeren Schweldauer bei Verfahren A zu erklären, durch die es zur Abspaltung größerer Mengen Wasserstoff und Kohlenmonoxyd als beim Verfahren B kommt.

Tab. 12 Einzelgasausbeuten in Nml/100 g waf Kohle (Verfahren A)

Versuch	ViZ	ViZb	ExZ	Mi/SfZ	ViR	ExR	Mi/SfR	ViW	ViA	ExA	InA
H_2	7916	7282	3157	8608	9919	5939	8323	11025	7916	2183	3294
CH_4	5310	2662	2014	1890	3910	3024	1919	2952	3689	1879	1862
C_2H_6	262	210	530	117	396	743	196	236	168	192	113
C_3H_8	37	68	209	25	121	321	47	68	29	61	30
C_4H_{10}	27	74	103	9	54	124	18	31	35	73	50
C_2H_4	141	88	111	39	180	146	85	110	66	43	68
C_3H_6	54	–	153	14	143	217	64	78	–	–	–
C_4H_8	55	15	179	6	73	148	42	18	9	7	10
CO	1315	1124	370	1016	1016	634	1312	722	790	234	876
CO_2	253	437	354	642	642	502	1115	212	255	215	774
Summe	15370	11960	7180	12366	16454	11798	13121	15452	12957	4887	7077
Dichte g/Nl									0,41	0,60	0,67
% C									54,9	60,8	46,0
% H									27,5	22,5	14,8
% O									17,6	16,7	36,0

Tab. 13 Einzelgasausbeuten in Nml aus 100 g waf Kohle (Verfahren B)

Kohle	ViRb$_1$	ViRb$_2$	ViA	ExA	Mattk. A		ViFr.A	InFr.A
H_2	2109	2643	2325	2631	2417	1962	2494	2820	2262
CO	859	937	939	350	254	269	325	213	406
CO_2	661	614	604	173	166	210	158	77	246
CH_4	3632	3495	3467	4249	4100	3398	3607	4429	3371
C_2H_6	525	443	462	520	791	482	435	543	366
C_2H_4	223	186	209	175	184	173	184	164	204
C_3H_8	139	113	109	121	260	105	111	121	70
C_4H_{10}	270	189	146	156	325	150	161	121	133
C_4H_8	27	31	20	32	83	31	39	26	14
Summe	8445	8651	8281	8407	8580	6780	7514	8574	7072
Dichte g/Nl	0,85	0,78	0,79	0,67	0,76	0,72	0,67	0,63	0,69
% C	61,5	59,8	59,9	68,4	71,4	68,1	68,3	70,3	65,7
% H	16,7	17,2	16,8	22,8	22,2	21,8	22,6	24,7	21,1
% O	21,8	23,0	23,3	8,8	6,4	10,1	9,1	4,9	13,2

Tab. 14   Einzelgasausbeuten in Nl/100 g waf Kohle

	Flöz Leopold	
	Verfahren D	Verfahren E
H_2	2,53	0,94
CO	0,98	0,79
CH_4 + Hom.	0,61	0,32
C_mH_n	0,42	0,67
CO_2	1,16	7,7
Dichte	0,9	1,11

Tab. 15   *Einzelgasausbeuten der nach Verfahren F verschwelten Braunkohlensubstanzen* (in g/100 g Kohle waf)

Kohle	entbit. Kohle I	II	Humin-säure	KOH-Restk.	DMF-Extrakt	DMF-Restk.
Gesamtgas	33,8	29,23	23,35	18,29	15,65	22,0
CO_2	12,75	13,24	11,42	6,64	5,62	8,35
CO	16,36	12,18	9,09	7,84	5,73	9,14
H_2	1,09	1,07	0,43	0,37	0,57	0,57
CH_4	2,54	1,99	1,98	2,59	2,63	3,00
C_2H_6	0,32	0,28	0,16	0,24	0,37	0,32
C_2H_4	0,42	0,37	0,09	0,25	0,26	0,32
C_3H_8	0,10	0,04	0,04	0,11	0,14	0,09
C_3H_6	0,21	0,06	0,02	–	–	–
C_4H_{10}	–	–	0,08	0,24	0,31	0,21
C_4H_8	–	–	0,01	–	0,01	–
Elementarzusammensetzung						
% C	39,2	37,1	37,85	42,7	43,9	41,9
% H	5,81	5,72	4,29	6,40	9,11	6,75
% O	55,0	57,2	57,8	50,9	47,0	51,3

5. Ausbringen der Schwelkomponenten in Abhängigkeit von den Analysenwerten und der Verfahrensart

5.1 Gesamtgas und Einzelkomponenten

Trägt man die nach den verschiedenen Schwelverfahren erhaltenen *Gesamtgasausbeuten* G_{ges} in Abhängigkeit von den flüchtigen Bestandteilen der Kohlen auf (Abb. 5), so erhält man bei mehr oder weniger großer Streuung der Werte Geraden. Es gilt somit angenähert

(1) G_{ges} (g/100 K) $= u \cdot$ % Fl $+ \vartheta$

wobei die Konstanten u und ϑ verfahrensabhängig sind. Die nach dem Schnellschwelverfahren E ausgebrachten Mengen (S_1 bis S_6, Abb. 5b) entsprechen in etwa denen des Hochvakuumverfahrens A (Gerade A, Abb. 5a). Die Werte des FISCHER-Verfahrens D (500°C) streuen stärker um die beim Hochvakuumverfahren B (s. Gerade B, Abb. 5a) erhaltenen Werte. Die u-Werte entsprechen sich jedoch in etwa, wie aus folgender Aufstellung zu ersehen ist.

Verfahren	A			B	D		E
	Vi	Ex	Mi		500° C	600° C	
u	0,288	0,125	— 0,932	0,162	0,161	0,032	0,211
ϑ	— 1,1	— 1,6	+ 25,3	+ 0,95	+ 0,18	9,62	+ 1,36

Wie weiter aus Abb. 5b zu ersehen ist, ordnen sich die Werte der FISCHER-Schwelungen praktisch zu zwei Geraden. Hierin kommt die Abhängigkeit von der Lenkung des Temperaturganges im plastischen Bereich der Kohle deutlich zum Ausdruck. Eine Gleichartigkeit dieses Temperaturganges ist also bei diesen Schwelungen nicht gegeben. Beim Hochvakuumverfahren A ergeben sich für die einzelnen Macerale unterschiedliche Geraden, wobei die Inertinit-Gerade sogar eine Neigungsumkehr aufweist. Beim Verfahren B tritt der Maceralcharakter der Kohle bereits weniger in Erscheinung.
Eine maceralunabhängige Kurve für das Gesamtgasausbringen gemäß Verfahren C erhält man, wenn man die Werte in Abhängigkeit vom H/C- und O/C-Verhältnis der Kohle aufträgt [4] (s. Abb. 6). Allerdings liegt eine stärkere Streuung der Werte vor. Aus dieser Darstellung ersieht man, daß in erster Linie das O/C-Verhältnis für das Ausbringen maßgeblich ist.
Bezüglich des *Ausbringens an Einzelkomponenten* des Schwelgases gelten für die Kohlenwasserstoffe ebenfalls lineare Abhängigkeiten vom Flüchtigengehalt. Das trifft sowohl für die Kohlenwasserstoffe mit C > 1 als auch für Methan zu, allerdings fällt für letzteres das Ausbringen insbesondere beim Verfahren B (s. Abb. 7).
Das Ausbringen selbst ist wieder maceralabhängig. Ein gleiches gilt für das Ausbringen an Kohlenmon- und -dioxyd, das in Abb. 8 in Abhängigkeit vom Sauerstoffgehalt der Kohlen aufgetragen ist. Die Linearität ist hier nicht in allen Fällen mehr gegeben, jedoch erhält man durch eine lineare Extrapolation der Geraden A bzw. B auf den Sauerstoffwert der Braunkohlen-Humussubstanz ($\sim$ 30%) die experimentell gefundenen CO- bzw. CO_2-Werte.
Die gebildeten CO- und CO_2-Mengen stehen auch in linearer Beziehung zu den in den untersuchten Braunkohlen-Substanzen vorhandenen O_{CO}- und O_{COOH}-Mengen, wie aus Abb. 9 zu ersehen ist. Daß keine einheitliche Gerade vorliegt, dürfte durch die unterschiedlichen Anteile der CO-liefernden Strukturen in den Substanzen gegeben sein (s. S. 17).
Der Unterschied in der *Wasserstoffabspaltung* bei verschiedenen Vitriniten und Flözkohlen bzw. bei den unterschiedlichen Verfahren zeigt deutlich Abb. 10. Auf der Ordinatenachse ist der elementar abgespaltene Wasserstoff in Prozent des in der Kohle enthaltenen aufgetragen (s. auch [3]).
Am stärksten ist die Dehydrierung beim Verfahren A, dann folgen Verfahren B und die Schnellschwelung, am geringsten ist sie beim FISCHER-Verfahren D (500° C). Bemerkenswert ist auch der Verlauf der Kurve HV-A (Abb. 10) im Vergleich mit den anderen. Hier fällt mit *zunehmendem* Inkohlungsgrad die Wasserstoffausbeute ab, während bei den anderen Methoden der Dehydrierungsgrad in etwa konstant ist und erst bei den niedrigeren Inkohlungsstufen ansteigt. Die Erklärung dafür dürfte darin liegen, daß bei den Verfahren D, F und B die Entgasung nach Beendigung der Teerbildung abgebrochen wurde, während das Verfahren A bis zur Beendigung der Gasentwicklung betrieben wurde. Demnach ist die Gas- und damit auch die Wasserstoffentbindung bei den ersteren Verfahren als Sekundärreaktion der Teerbildung zu betrachten. Mit der

Teerbildung ist die Bildung gasförmiger Kohlenwasserstoffe C > 1 gekoppelt, so daß mit zunehmendem Inkohlungsgrad deren Menge abnimmt (s. auch Abb. 7), während ein gleiches für den Dehydrierungsgrad (s. o.) nur beim Verfahren A gilt (s. Abb. 10).

5.2 Wasser

Das *Wasserausbringen* (Verfahren A) ist in erster Linie dem Sauerstoffgehalt bzw. dem Hydroxylgehalt der Steinkohlen proportional (s. Abb. 8 bei [2]). Entsprechendes gilt auch für die Braunkohlen-Humussubstanz und deren KOH-Zerlegungsprodukte, die etwa gleiche Bildungswassermengen von 12 bis 13% (s. Tab. 4) bei etwa gleichen O_{OH}-Gehalten erbringen.

5.3 Teer

Die bei den Verfahren A und B ausgebrachten *Teermengen* erwiesen sich in etwa als proportional dem Flüchtigengehalt der Steinkohlen (s. Gerade b_1, Abb. 11). Dies gilt jedoch nicht für das Verfahren D (Kurve c) und E (Kurve a). Letzteres Verfahren liefert die optimalen Teermengen. Allerdings folgt aus den H/C-Werten der Tab. 10, daß die Teere am weitestgehenden gekrackt sind.

Bezüglich der Gas- und Teerbildung aus den *Steinkohlen* folgt somit die an sich bekannte Tatsache, daß (abgesehen von der Maceralabhängigkeit) diese wesentlich durch die Verfahrensart mitbestimmt sind, d. h. durch die Erhitzungsgeschwindigkeiten und damit durch die Verweilzeiten der Kohle im Temperaturbereich der Teerbildung. Diese thermischen Beanspruchungen sind bei den meisten Normaldruck-Schwelverfahren, wie FISCHER-Schwelung D, aber auch der Spülgasschwelung und sogar der LURGI-Schnellschwelung E zu groß, um noch bindende Rückschlüsse auf die Kohlestruktur zu erlauben. Hierfür dürften allein die Hochvakuumschwelungen geeignet sein (s. Kap. 6 und 7).

Die bei der Schwelung der *Braunkohlen-Humussubstanz* nach Verfahren F anfallenden Teerausbeuten sind erheblich niedriger als bei den Steinkohlen, bedingt durch die »Entbituminierung« der Braunkohle. Daß überhaupt Teer anfällt, ist dadurch bedingt, daß die Benzol-Alkohol-Entbituminierung nicht alles vorhandene »Bitumen« löst. Diese Teermenge (Versuch II, s. Tab. 4) wie die der KOH-Zerlegungsprodukte Huminsäure HS und Restkohle RK sind in Abb. 12a in Abhängigkeit vom HS/(HS+RK)-Verhältnis aufgetragen. Es ergibt sich eine gebrochene Gerade, d. h., die aus der Restkohle erhaltene Teermenge ist erheblich größer, als einem additiven Verhalten (Gerade O) entsprechen würde. Daraus folgt, daß der KOH-Aufschluß, wie auch bereits aus den auftretenden Verlusten folgt, die Restkohlen-»Moleküle« z. T. zu kleineren destillierbaren Produkten abbaut. Dieser Abbau ist, wie aus Abb. 12b zu ersehen ist, mit einer verstärkten Gasbildung verbunden, da die Huminsäuren und Restkohlen weniger Gas liefern. Aus Abb. 12b ist auch zu ersehen, daß diese Gasverluste praktisch aus Kohlenmon- und -dioxyd bestehen.

Demgegenüber findet bei der DMF-Disproportionierung ein Einbau von DMF-Abbauprodukten statt (s. S. 9). Dieser Einbau beträgt beim Extrakt 15,7%, bei der Restkohle 12,2%, und er bewirkt, wie aus den Abb. 12c und 12d hervorgeht, eine gegenüber einem additiven Verhalten vermehrte Teer- und eine verminderte Gasbildung. Die verminderte Gasbildung ist praktisch durch eine verminderte CO- und CO_2-Bildung (s. Abb. 12d) gegeben. Dies ist verständlich durch den auf S. 9 gegebenen Kohle-DMF-Umsatz, der zu einer Verminderung der COOH- und CO-Gruppen in den Zerlegungssubstanzen (s. folgende Aufstellung) führt.

Substanz	Humussubstanz	DMF-Extrakt	DMF-Restkohle
% O_{COOH}	9,3	4,6	2,6
% O_{CO}	7,53	1,9	2,6

Die vermehrte Teerbildung beträgt für die DMF-Humussubstanz 4,2 g. Zur Errechnung der aus den Zerlegungsprodukten gebildeten zusätzlichen Teermengen kann angenommen werden, daß diese den in diesen Teeren gegenüber dem Teer der Humussubstanz zusätzlich gefundenen N-Gehalten proportional ist. Diese *zusätzlichen* N-Gehalte (s. Tab. 11) betragen beim DMF-Extrakt 2,5, bei der DMF-Restkohle 1,24%. Die zusätzlichen Teermengen betragen somit $3,0 \cdot 2,5 = 7,5$ bzw. $3,0 \cdot 1,24 = 3,72$ g, d. h. für die reine Kohlesubstanz der DMF-Disproportionierung (s. die Punkte D und D' bzw. D_1 und D'_1, Abb. 4) 1,7 bzw. 4,3 g. Trägt man diese Werte in Abb. 12c ein (Kreuze), so erhält man eine Gerade, die einem Additivverhalten gerecht wird. Ein Vergleich von Abb. 12a mit 12c zeigt, daß in Übereinstimmung mit Abb. 4 die stoffliche Disproportionierung der Humussubstanz durch DMF zwar der KOH-Zerlegung analog, jedoch nicht so weitgehend ist.

6. Das Ausbringen in Abhängigkeit von der Kohlestruktur

6.1 Steinkohlen

Um eine Erklärung für das unterschiedliche Ausbringen bei den verschiedenen Schwelverfahren in Abhängigkeit von Verfahrensart, Inkohlung und Maceralnatur geben zu können, muß auf Vorstellungen zurückgegriffen werden, die von C. KRÖGER [1], [11] entwickelt worden sind. Danach sind die Macerale stofflich nicht als einheitlich aufzufassen, sondern in erster Annäherung als ein Gemenge von drei Stoffkomplexen, eines Wachs/Harz-, eines Oxyhumin- und eines Dehydrohumin-Komplexes. Der Gehalt an diesen Grundkomplexen läßt sich aus der Elementaranalyse der Kohle ermitteln, indem dieser Wert in ein H/C-O/C(R/C)- bzw. %H-%O(%R)-Diagramm eingetragen wird, nebst den entsprechenden Werten für die Grundkomplexe. Letztere Werte stellen die Eckpunkte eines Dreiecks dar. Durch Parallelprojektion des Kohledarstellungspunktes auf die in 100 Teile geteilten Dreiecksseiten parallel zu der dem gesuchten Grundkomplex gegenüberliegenden Dreiecksseite kann der Gehalt an diesem Grundkomplex abgelesen werden (s. auch S. 20/21), wobei die Fehlergrenze etwa bei ± 3% liegen dürfte.

Aus Abb. 13 ist zu ersehen, daß bei den beiden Hochvakuum-Schwelverfahren A und B wie auch bei der Normaldruck-Schnellentgasung (Verfahren E) das *Gesamtausbringen an Kohlenwasserstoffen* C_2 bis C_4 proportional dem Wachs-Harz-Gehalt der Kohlen ist. Der Inkohlungsgrad ist hier praktisch ohne Einfluß, da Kohlen mit annähernd gleichem Wachs/Harz-Gehalt, aber mit sehr verschiedenem Inkohlungsgrad (s. [5] und [8] bzw. [6] und [11]) innerhalb der Fehlergrenze praktisch dieselben Werte liefern. Bei der Normaldruck-Schwelung nach FISCHER (Verfahren D) ist dagegen infolge der schärferen Verfahrensbedingungen die Ausbeute an diesen Kohlenwasserstoffen vom Wachs/Harz-Gehalt der Kohlen wenig abhängig (s. Gerade b, Abb. 13).

Eine Kennzeichnung der für den Aufbau des Wachs-Komplexes charakteristischen Verbindungen ist somit praktisch nur durch die Hochvakuumschwelung möglich. Aus der Tatsache, daß im untersuchten Inkohlungsbereich das Ausbringen an Kohlenwasserstoffen C > 1 nur dem Wachs/Harz-Anteil proportional ist, folgt somit, daß diese Gase gleichartigen Strukturelementen entstammen müssen. Diese Strukturelemente ändern sich mit der Inkohlung nur in ihrer Menge, ein gleiches gilt für die verschiedenen Macerale eines Flözes (s. Abb. 14).

Für die Bildung aller anderen Gase einschließlich des Methans gilt diese Beziehung nicht. Diese Gase sind vielmehr Spaltprodukte der Verbindungen aller drei Stoffkomplexe.

Eine Ausnahme macht das Kohlenmonoxyd, für das sich in erster Linie eine Proportionalität mit dem Oxyhumingehalt der Kohlen aufzeigen läßt (Abb. 15). Der geringe Anteil, den die beiden anderen Grundkomplexe an der CO-Bildung besitzen, ist aus den y-Werten für Oxyhumin = Null in Abb. 15 zu entnehmen.

Von den drei Grundkomplexen – Wachs/Harz, Dehydro- und Oxyhumin – ist letzterer am sauerstoffreichsten, d. h. in ihm muß der Hauptanteil der Hydroxylgruppen vorliegen. Es ist somit zu erwarten und wird durch die Abb. 16 und 17 belegt, daß eine Proportionalität zwischen dem *Wasserausbringen* und dem Oxyhumingehalt der Macerale vorliegt. Die Geraden in diesen Abbildungen schneiden (wie in Abb. 15) die y-Achse bei kleinen positiven y-Werten (1,5 bzw. 0,3). Diese Werte entsprechen dem Wasseranfall aus den beiden anderen Grundkomplexen Wachs/Harz + Dehydrohumin (s. auch Gerade a in Abb. 16).

Der Verlauf der Geraden a und b in Abb. 16 ermöglicht es nun, den in den drei Stoffkomplexen Wachs/Harz, Oxy- und Dehydrohumin in Form von Hydroxylgruppen vorliegenden Sauerstoffanteil O_{OH} zu errechnen. Es ergeben sich die folgenden Werte (Gew.-%).

Flöz	Oxyhumin (OH)			Dehydrohumin (DH)			Wachs/Harz (WH)		
	O_{OH}	O_{ges}	$\frac{O_{(OH)}}{O_{(ges)}}$	O_{OH}	O_{ges}	$\frac{O_{(OH)}}{O_{(ges)}}$	O_{OH}	O_{ges}	$\frac{O_{(OH)}}{O_{(ges)}}$
R	10,4	15,5	0,67	0,8	6,8	0,12	1,7	5,5	0,31
Zollv.	8,9	13,0	0,68	1,0	5,5	0,18	1,2	4,1	0,29

Bezieht man die O_{OH}-Werte auf die jeweiligen Gesamtsauerstoffwerte O_{ges} der Komplexe (vgl. [1]), so erhält man die in den Spalten 4, 7 und 10 aufgeführten Zahlen. Danach macht der Hydroxylsauerstoff im Oxyhumin fast 70%, im Wachs/Harz etwa 30% und im Dehydrohumin nur etwa 15% des Gesamtsauerstoffes aus.

Eine Extrapolation der mittelnden Geraden Abb. 17 auf 100% Oxyhumin ergibt für die Wasserbildung dieses Komplexes 5,2%.

Das *Teerausbringen* aus den Maceralen der verschiedenen Ruhrflöze nach Verfahren A ist ebenfalls proportional dem Wachs/Harz-Gehalt, worauf bereits von KRÖGER und UNRATH [2] hingewiesen wurde. Dies gilt auch für die nach Verfahren B ausgebrachten Werte (s. Abb. 18), wobei besonders hervorzuheben ist, daß die beiden Vitrinite R (Nr. 5 und 6), die auf Grund ihrer Analysenwerte (s. Tab. 3) verschiedene Wachs/Harz-Gehalte besitzen, tatsächlich die ihren Wachs/Harz-Gehalten proportionalen Teermengen liefern. Daß in ein und derselben Kohle Reinmacerale unterschiedlicher Zusammensetzung und damit auch unterschiedliche Vitrinite und Inertinite vorliegen, wird noch besonders durch Abb. 19 erhärtet, in der die nach Verfahren C aus den Reinmaceralen Flöz Zollverein (s. Tab. 2) erhaltenen Teermengen (s. Tab. 5) in Abhängigkeit von dem sich aus ihren Elementarzusammensetzungen errechnenden Wachs/Harz-

Gehalten aufgetragen sind. Die Werte ordnen sich auch hier zu einem linearen Band, dessen mittelnde Gerade eine Steigung von 0,53 besitzt, aus der sich für den 100%igen Wachs/Harz-Komplex Flöz Zollverein ein Teerausbringen von ~ 53% ergibt. Die nach dem Verfahren A, B und C ausgebrachten Teermengen sind also allein durch den Wachs/Harz-Gehalt der Kohlen bestimmt. Sie sind insofern auch maceralunabhängig, d. h. daß diese Aussage auch für alle Flözkohlen gilt.

Da andererseits die ausgebrachten Teermengen auch verfahrens- und inkohlungsabhängig sind (s. Abb. 20), gilt für die nach einem bestimmten Verfahren ermittelten Konstanten a der Gleichung

$$\text{Teermenge} = a \cdot \% \text{ Wachs/Harz}$$

für jede Inkohlungsstufe ein bestimmter Wert, der somit einen maceralunabhängigen Inkohlungsfaktor darstellt.

Aus Abb. 20 sind die Wachs/Harz-Anteile (in %) zu ersehen, die bei unterschiedlichen Inkohlungszuständen als Teer und Zersetzungsgas ausgebracht werden bzw. als Rest-Wachs/Harz im Urkoks verbleiben.

Für die Zersetzungs- = Dissoziations-Gasbildung kann angenommen werden, daß bei der Hochvakuum-Schwelung alle Kohlenwasserstoffe $> C_1$, $1/4$ des Methans und $1/8$ des Wasserstoffs (bezogen auf die insgesamt ausgebrachten Mengen) dem Dissoziationsgas entsprechen. Dieses Dissoziationsgas hat auch in allen Fällen dieselbe Zusammensetzung von etwa 17,4% H und 82,6% C.

Aus Abb. 20a geht hervor, daß beim Gasflammkohlen-Flöz R fast alles Wachs/Harz als Teer und Zersetzungsgas ausgebracht werden. Das in den Urkoks übergehende Rest-Wachs/Harz macht nur einige Prozente des Wachs/Harzes aus. Aus Abb. 20b bis d ist dann das starke Ansteigen dieser Restmengen mit der Inkohlung (Verfahren A) zu ersehen. Bei der Fettkohle Wilhelm (~ 25% Fl) betragen sie bereits 60–70% des ursprünglichen Wachs/Harzes.

Um einen Überblick zu erhalten, inwieweit diese Restmengen vom angewandten Schwelverfahren abhängig sind, sind in Abb. 21 diese Mengen (einschl. Teer- und Zersetzungsgasmenge) in Prozent des ursprünglichen Wachs/Harz-Gehaltes der Kohlen für die verschiedenen Schwelverfahren als Balkendiagramm dargestellt. Der Verfahrenseinfluß ist aus dieser Darstellung gut ersichtlich, er gleicht sich aber anscheinend mit steigender Inkohlung aus. Weiterhin ist ersichtlich, daß der oben herausgestellte Trend der Zunahme der Wachs/Harz-Restmenge mit der Inkohlung für alle Schwelarten und damit auch für die technische Verkokung gilt, d. h. daß für die gute Backfähigkeit der Kohlen und damit für die Eigenschaften des Urkokses nicht, wie bisher angenommen, das destillierbare (oder extrahierbare) Bitumen bzw. der diesem entsprechende Wachs/Harz-Anteil, sondern der nicht destillierbare Anteil (das Rest-Wachs/Harz) bestimmend ist (vgl. auch [12]).

6.2 Braunkohlensubstanzen

Auch auf den chemischen Bau der Braunkohlen kann die Dreikomplex-Theorie übertragen werden (s. [13]). Hier kann angenommen werden, daß die Zusammensetzung des Wachs/Harz-Komplexes praktisch mit der des durch Benzol-Alkohol extrahierbaren Bitumens zusammenfällt. Da außerdem die Huminsäure praktisch kein Teerbildner ist (s. Tab. 4), muß deren Zusammensetzung nur wenig oberhalb der Dreiecksseite Dehydrohumin–Oxyhumin liegen. Trägt man daher für die hier behandelten Braunkohlenprodukte deren Zusammensetzungspunkte (s. Abb. 4) in ein H/C-R/C-Diagramm ein, wie dies in Abb. 22 erfolgt ist, so lassen sich deren Wachs/Harz-Gehalte x aus den

Streckenverhältnissen, z. B. $\overline{XS}:\overline{WHS} = x:100$, ermitteln. Die so erhaltenen Werte, wie die H/C-R/C-Werte der Substanzen und die zugehörigen korrigierten Teermengen (s. Abb. 12), sind in Tab. 16 nochmals zusammengefaßt. In Abb. 23 sind dann die Teermengen in Abhängigkeit vom Wachs/Harz-Gehalt aufgetragen. Man ersieht, daß die geforderte Linearität auch hier gut erfüllt ist.

Tab. 16 H/C-R/C-Werte, WH-Gehalte und Teermengen der Braunkohlensubstanzen

Substanz	Ziff. in Abb. 22	H/C	R/C	% WH	Teer g/100 g K
entbit. HuS (s. Abb. 4)	3	0,48	0,356	16,5	3,0
HS	1	0,747	0,378	2,7	0,53
KOH-RK (s. Abb. 4)	5	1,0	0,31	43,0	9,6
DMF-Extrakt (D_1, Abb. 4)	2	0,75	0,36	5,5	1,7
DMF-RK (D_1', Abb. 4)	4	0,91	0,35	25,6	4,3
Bitumen (s. [8])	WH	1,34	0,194	100	–

Bei den Steinkohlen war das Ausbringen an Kohlenwasserstoffen $> C_1$ eine Funktion des Wachs/Harz-Gehaltes. Bei den untersuchten Braunkohlensubstanzen kann dies nicht überprüft werden, da die Zerlegungsbedingungen die gasbildenden Bezirke der Kohle verändern (s. S. 17). Jedoch lassen sich aus der Temperaturabhängigkeit der für die einzelnen Gaskomponenten ausgebrachten Mengen Rückschlüsse auf die *Stabilität* der gasbildenden *Bezirke* ziehen.

Die Abb. 24 und 25 geben die von den untersuchten Braunkohlensubstanzen in den einzelnen Schwelstufen ausgebrachten Einzelgasmengen wieder. Die Kurvenzüge lassen sich als Summenkurven verschiedener Entgasungsbereiche auffassen. Danach liegen für die CO_2-*Bildung* drei Hauptentgasungsbereiche mit den Maxima bei 225–250°C, $\sim$ 325°C und $\sim$ 425°C vor. Letztere beiden Maxima wurden auch bei der Steinkohlen-Vakuum-Stufenentgasung (s. [14] und Abb. 24f) neben einem 3. Maximum bei $\sim$ 525°C gefunden. Nun fanden VAN HEEK, JÜNTGEN und PETERS [15] bei Entgasungsversuchen an Modellsubstanzen die in Tab. 17 aufgeführten Maxima der CO_2-Bildung. Danach wäre das im Bereich von 225 bis 250°C bei den Braunkohlensubstanzen gefundene 1. Maximum der Dekarboxylierung von aromatischen Carbonsäuren mit Carboxyl-

Tab. 17 CO_2-Bildungsmaxima bei der Pyrolyse von Modellsubstanzen (nach [16])

Stoff	Formel	Maximum
Ferulasäure	$H_3CO \cdot (OH) \cdot C_6H_3 \cdot CH = CH \cdot COOH$	225°C
Protocatechusäure	$(OH)_2C_6H_3 \cdot COOH$	250°C
Mellitsäure	$C_6(COOH)_6$	240–260°C
Perylen-Tetra-carbonsäureanhydrid	$O_3C_2 \cdot C_{20}H_8 \cdot C_2O_3$	500°C
Mellitsäureanhydrid	$C_6(C_2O_3)_3$	410°C

gruppen in Seitenketten bzw. direkt am Aromatkern zuzuordnen und die Maxima bei 425°C und darüber der Zersetzung von aromatischen Carbonsäureanhydriden. Da diese Zersetzung neben CO_2 auch CO liefert, ist somit auch ein entsprechendes Maximum bei der CO-Bildung zu erwarten, was in der Tat zutrifft (s. unten). Das bei den Braunkohlensubstanzen, aber auch bei der Gasflammkohle bei $\sim$ 325°C gefundene Maximum läßt sich durch Modellversuche noch nicht belegen. Denkbar wäre eine Entstehung aus alicyclischen Säureanhydriden bzw. Lactonen.

Die Kurven für das CO-*Ausbringen* (s. Abb. 25a) lassen ebenfalls mehrere Maxima-= Instabilitätsbereiche erkennen. Für die Produkte der KOH-Zerlegung der Braunkohlenhumussubstanz liegen die Maxima bei 175° bzw. 225°, 325°, 425° und 525°C. Die drei letzteren wurden auch bei der Steinkohle gefunden, wobei die bei 425° und 525°C wieder dem Zerfall von Anhydriden aromatischer Karbonsäuren zuzuordnen wären. Bei Entgasungsversuchen aliphatischer Oxycarbonsäuren wie L(+)-Weinsäure und Schleimsäure fand VAN HEEK [16] ein Decarbonylierungs-Maximum bei 240° bzw. 235°C. Die Weinsäure reagiert unter Lactidbildung zur Di-Weinsäure, die sich mit der weiter gebildeten Ketobernsteinsäure unter Abspaltung von gleichen CO_2- und CO-Mengen zu Essigsäure umsetzt.

Die Schleimsäure setzt sich unter H_2O-, CO_2- und CO-Abspaltung zur α-Ketobuttersäure um. Da den CO-Maxima bei 225°C (DMF-Extrakt) und 325°C entsprechende Maxima in der CO_2-Bildung gegenüberstehen, könnten die hier gebildeten CO-Mengen analogen Strukturen entstammen bzw. alicyclischem Säureanhydrid bzw. ketonischen CO-Gruppen entsprechen, die ja im gewissen Ausmaß (s. [17]) in den Substanzen nachgewiesen wurden. Das Maximum bei 425°C kann dann außer aus Anhydriden aromatischer Karbonsäuren auch der Decarbonylierung chinoider Gruppen entstammen, die ja in größerer Anzahl in diesen Substanzen (s. S. 18) vorliegen. Das Hauptmaximum der CO-Bildung aus den DMF-Produkten (375°C) dürfte auf die Zersetzung der gebildeten Säureamide (s. S. 9) zurückzuführen sein.

Die *Wasserstoffbildung* beginnt bei ~ 375°C, steigt ab 415°C merklich an und dürfte ihr Maximum erst oberhalb 525°C durchlaufen. Nur bei der Zersetzung des DMF-Extraktes wird ein kleineres vorgeschaltetes Maximum bei ~ 375°C beobachtet. Die Wasserstoffbildung ist somit in erster Linie Kondensationsreaktionen zuzuschreiben (s. dazu auch [14]).

Für die *Methanbildung* lassen die Gasentwicklungskurven (s. Abb. 25b) ebenfalls unterschiedliche Instabilitätsbereiche erkennen. Die beiden Hauptmaxima liegen bei der Humussubstanz und KOH-Restkohle bei ~ 280°C und 425°C, wobei das letztere mit dem Hauptmaximum der CH_4-Bildung beim Gaskohlenvitrinit übereinstimmt. Bei der Huminsäure sind diese beiden Maxima zu etwas höheren Temperaturen, 325° und 440°C, verschoben. Dies deutet auf eine Beeinflussung der CH_4-bildenden Bezirke durch den KOH-Aufschluß (s. S. 9 und Abb. 12) hin. Außerdem tritt hier noch ein Maximum bei 175°C auf. Bei dem DMF-Extrakt koinzidiert das 1. Maximum mit dem der anderen Substanzen, während an Stelle des 2. Maximums, wie auch beim DMF-Rückstand, bedingt durch die Säureamidbildung (s. S. 9), Maxima bei 390° bzw. 375° und 490° bzw. 475°C auftreten.

Für die Entwicklung von *Äthan* und *Äthylen* lassen sich aus den Gasentwicklungskurven ebenfalls noch zwei Bereiche mit Maxima bei 250–300°C und bei 350–375°C ableiten. Bei den *höheren Kohlenwasserstoffen* liegt praktisch nur ein Maximum im Bereich von 340 bis 360°C vor.

7. Teerzusammensetzung und Wachs-/Harz-Struktur

In den Kapiteln 5 und 6 ist gezeigt worden, daß das Ausbringen an Schwelteer, Bildungswasser und den einzelnen Schwelgaskomponenten sowohl von der Zusammensetzung einer Kohle aus den drei Grundkomplexen als auch vom angewandten Verfahren abhängig ist und daß einen Rückschluß auf die ursprüngliche Kohlestruktur nur die schonenden Hochvakuum-Schwelungen zulassen. Das gilt insbesondere für die in den Teeren vorliegenden Verbindungen bzw. Verbindungsklassen.

Auf S. 20 war ausgeführt, daß das Kohle-Wachs/Harz (WH) durch Abspaltung seiner »Dissoziations«-Gasmengen in ein gekracktes Wachs/Harz (WH)$_{gekr.}$ übergeht, das nur bei den jüngsten Steinkohlen (s. Abb. 20a, Verfahren A) fast 100%ig als Teer ausgebracht werden kann, d. h. nur in diesem Fall dürften die Teerzusammensetzungen und die in ihm vorliegenden Verbindungen bzw. Verbindungsklassen voll denen des ursprünglichen Kohle-Wachs/Harzes entsprechen. Nun ist aus Abb. 26a zu ersehen, daß die Zusammensetzung der Hochvakuumschwelteere aus Vitrinit R nach Verfahren A und B nur im Wasserstoffwert der des gekrackten Wachs/Harzes entspricht. Der O-Wert dürfte dadurch verändert sein, daß die Teere trotz aller Vorsicht nicht ohne eine nachträgliche Oxydation zur Analyse gebracht werden konnten. Durch Versuche (s. [18]) konnte belegt werden, daß die frischen Hochvakuumschwelteere bei Berührung mit Sauerstoff (bzw. Luft) sofort reagieren.

Hierzu wurde das Verhalten der bei der Hochvakuumschwelung anfallenden Teere gegen Sauerstoff direkt im Anschluß an die Schwelung in der Hochvakuum-Apparatur bei Zimmertemperatur geprüft. Dazu wurde in der Schwelapparatur Abb. 1 zwischen Schwelretorte 12 und der Teerfalle 11 ein Hahn eingebaut und der gesamte Teerkondensationsraum (Fallen 11, 10 und 9) über den Dreiweghahn 8 mit einem Sauerstoffrezipienten und einem Manometer zu einer Adsorptionsmeßanordnung von bekanntem Volumen vereinigt. Entsprechendes erfolgte mit dem Retortenraum mittels eines mit einem Einleitungsrohr versehenen Stopfens 13. Nach Ende der Schwelung (Schwelbedingungen: 525°C, 10 Std. 10^{-2} bis 10^{-4} Torr, wobei die Teerausbeuten etwa 50% der von KRÖGER und UNRATH (vgl. (2) und Tab. 7) erhaltenen Werte ausmachen) und Erkalten des Ofens wurde in beiden Anordnungen ein bestimmter Sauerstoffdruck vorgegeben und die mit der Zeit eintretende Druckänderung bestimmt.

Die Einwirkung des Sauerstoffs auf den Koks ergab die erwarteten Adsorptionskurven. Die Einwirkung auf den Teer ergab überraschenderweise keine Druckabnahme, sondern einen sofort anspringenden Druckanstieg bis zu einem Sättigungswert. Diese Volumenzunahme war durch eine Kohlenoxyd- und Wasserstoffbildung bedingt, wie sich aus der beim Sättigungsdruck durchgeführten Gasanalyse ergab.

Die Gasbildungsreaktion war demnach nach

$$\text{Teer} + x O_2 = \text{oxyd. Teer} + n CO + \approx 3n H_2$$

verlaufen, wobei die im Kohlenoxyd gebundene Sauerstoffmenge etwa ein Achtel der umgesetzten Sauerstoffmenge betrug.

Die (O+N+S)-Werte der oxydierten und der nach dem Verfahren A ausgebrachten Teere (vgl. Tab. 10) stimmten praktisch überein. Nach Abzug der aufgenommenen Sauerstoffmenge ergibt sich somit eine Teerzusammensetzung, die mit der des gekrackten Wachs/Harzes (vgl. Abb. 26a) bzw. $T_{korr.}$ (Abb. 26b) praktisch übereinstimmte.

Eine Beurteilung des Wachs/Harzes muß also von den O-haltigen Verbindungen der Teere (die ohnehin nur einen geringen Bruchteil ausmachen) absehen und sich nur auf die Neutralanteile beschränken. Das ist um so mehr berechtigt, als die nach der Abspaltung von Teer und Zersetzungsgas verbleibende Restkohle aus Huminsubstanz und Rest-Wachs/Harz (s. die Punkte RK in Abb. 26a und b) durch Subtraktion der weiterhin entwickelten Gas- und Wassermengen sich quantitativ in den Urkoks überführen läßt (s. [12]), wie die gestrichelten Linien in Abb. 26 zeigen.

Für die höher inkohlten Kohlen zeigte sich, daß die Teerzusammensetzungen in bezug auf die Zusammensetzung des gekrackten Kohle-Wachs/Harzes zunehmend mit der Inkohlung erhöhte Wasserstoffwerte aufweisen. Abb. 26b zeigt dies für die bei der Schwelung von Vitrinit Wilhelm nach Verfahren A und die FISCHER-Schwelung der Flözkohle Karl gewonnenen Teere. Daraus folgt, daß mit zunehmendem Alter der Kohle die Teerbildung mit einer »Disproportionierung« des gekrackten Kohle-Wachs/Harzes verbunden ist, wobei die Differenz in den Wasserstoffwerten von Teer und Rest-Wachs/Harz immer größer wird (s. auch [12]). Damit geben diese Schwelteerzusammensetzungen – auch die Hochvakuumteere – nur noch einen bedingten Anhalt für den Aufbau des ursprünglichen Kohle-Wachs/Harzes.

Von der Maceralart scheint die Zersetzung des WH-Komplexes in Gas und $WH_{gekr.}$ unabhängig zu sein, wie die in der folgenden Aufstellung gegebenen Analysenwerte der Gase und des gekrackten Wachs/Harzes zeigen. Auch die Zusammensetzung des Rest-Wachs/Harzes ist bei unterschiedlichen Kohlefraktionen innerhalb eines *Flözes* identisch.

Nr.	Kohle	Zersetzungsgas			gekracktes Wachs/Harz		
		g/100 g K	% C	% H	% C	% H	% R
8	Vi A b	2,4	79,1	20,9	90,6	6,7	2,7
9	Ex A b	3,5	79,8	20,2	90,9	6,4	2,7
11	Vi F.A b	2,4	78,4	21,6	91,8	4,7	3,6
12	In F.A b	1,9	78,5	21,5	91,8	4,7	3,5

Über die den *Wachs/Harz-Komplex aufbauenden Verbindungen* (s. auch bei [19]) kann folgendes an Hand der nach Verfahren A ausgebrachten Neutralteere aus den Maceralen Flöz R und Zollverein ausgesagt werden. Diese Teere waren in Form einer Leicht- und einer Schwerfraktion angefallen. Erstere wurde gaschromatographisch untersucht, letztere gemäß Schema Abb. 27 fraktioniert und die Fraktionen soweit angängig gaschromatographisch oder wie die Pechfraktion (s. Tab. 19) durch IR-Spektroskopie und Konstitutionsanalyse nach KARR [20] charakterisiert (s. auch [21]).

Tab. 18 Verhältnis von Aliphaten : Alkylaromaten : Pech

Maceral	Aliphaten	Alkylaromaten	Pech I	Gesamtpech
Vi R	13,5	12,2	60,5	74,3
Vi Z	10,5	18,5	60,8	71,0
Mittelwert	12,0	15,4	60,7	72,7
Mi/Sf R	20,3	32,5	36,3	47,2
Mi/Sf Z	23,2	29,0	37,9	47,8
Mittelwert	21,8	30,8	37,1	47,5
Exinit R	10,1	32,6	45,2	57,3
Exinit Z	15,5	34,5	52,8	50,0
Mittelwert	12,8	33,6	49,0	53,7

Das Prozentverhältnis von Aliphaten (n- und i-Paraffine, Olefine), Alkylaromaten und Pech in den Teeren der Macerale Flöz R und Zollverein gibt die Tab. 18.

Aus dieser Tabelle ist zu ersehen, daß das Verhältnis der drei Stoffgruppen Aliphaten, Alkylaromaten und Pech in dem Neutralanteil der Hochvakuumteere doch in gewissen Grenzen variiert. Diese Variation könnte einmal durch eine gewisse Differenziertheit des ursprünglichen Wachs/Harz-Komplexes gegeben sein. Wahrscheinlicher ist jedoch, daß hierfür ein unterschiedlicher Verbund der Verbindungen des Wachs/Harz-Komplexes unter sich und mit Verbindungen der beiden anderen Grundkomplexe verantwortlich ist. Der größte Anteil an freien, d. h. thermisch ausbringbaren Aliphaten ($\sim$ 22%) – die in erster Linie dem Wachs-Komplex entstammen – liegt in den *Mikrinit/ Semifusiniten* vor, den niedrigsten Anteil an Alkylaromaten ($\sim$ 15,5%) und damit den höchsten Pechanteil ($\sim$ 72,5%) liefern die Vitrinite, d. h. hier ist die Herauslösung der Verbindungen des Harzkomplexes aus dem Gesamtverbund am stärksten mit Kondensationsreaktionen verbunden. Die *Aliphaten* umfassen die C-Zahlen C_6 bis C_{32} und verteilen sich in charakteristischer Weise unabhängig von der Maceralart um einige C-Zahlen (näheres s. bei [21]), was sehr für eine weitgehende Gleichartigkeit der Wachskomponente spricht. Die Maxima liegen im Bereich von C_{10-12} bzw. C_{16-20}.

Analoges gilt für die Ringzahlen der Alkylaromaten und Peche, die zwischen 1 und 8 liegen mit Maxima bei den 2- und 5(6)-Ringsystemen (näheres s. bei [21]). Die Menge der Stammaromaten in der *Alkylaromatenfraktion* ist gering gegenüber der Vielzahl der gaschromatographisch nachweisbaren Einzelverbindungen. Es kann angenommen werden, daß diese Vielzahl mit durch Umlagerungen bestimmt ist, die die ursprünglichen Verbindungen des Harzkomplexes durch die thermische Beanspruchung erfahren haben. Diese thermischen Umlagerungen (Spalt-, Dehydrier- und Isomerisierungsprozesse) dürften durch eine katalytische Mitwirkung der Restkohlensubstanz begünstigt werden. Die für die *Pechfraktionen I*, die 80–90% der Gesamtpechfraktion ausmachen (s. Tab. 18), gefundenen Werte der Elementar- und Konstitutionsanalyse gibt die Tab. 19.

Tab. 19 Elementar- und Konstitutionsanalyse der Peche I

Kohle	Vi Z	Vi R	Mi/Sf Z	Ex Z	Ex R
% C	83,3	79,9	78,0	80,1	77,1
% H	6,6	6,8	7,4	7,4	7,7
% O + N + S	10,1	13,3	14,6	12,5	15,2
mittl. Molgewicht	469	450	(367)	490	417
Molgewicht nach KARR	476	476	338	476	410
Formel nach KARR	$C_{31}H_{35}O_3$	$C_{31}H_{35}O_3$	$C_{27}H_{29}O_2$	$C_{31}H_{35}O_3$	$C_{28}H_{32}O_3$
Formel Pech I	$C_{31}H_{30}O_4$	$C_{31}H_{32}O_4$	$C_{27}H_{31}O_4$	$C_{31}H_{35}O_4$	$C_{28}H_{34}O_4$
R_{ges}	5,8	5,8	5,4	5,8	4,9
$R_{arom.}$	5,0	5,0	3,8	5,0	4,0
$R_{naphth.}$	0,8	0,8	1,6	0,8	0,9
$R_{naphth.}$ (in % R_{ges})	13,8	13,8	29,6	13,8	18,5

In Reihe 4 sind die mikroosmometrisch (Osmometer der Fa. Mechrolab. Modell 301 A) bestimmten Molgewichte aufgeführt, die praktisch übereinstimmen und denen nach KARR [20] errechneten (Reihe 5) entsprechen. Die beiden nächsten Reihen geben die sich daraus errechnenden Grundmolformeln, die sich auch für die einzelnen Maceralpeche weitgehend ähneln und nur für Mikrinit/Semifusinit Z und für den Exinit R etwas kleinere C-Zahlen (27/28 statt 31) aufweisen. Der Mikrinit Z ergab auch den höchsten Wert für den C-Anteil in naphthenischen Ringen ($\sim$ 30%) gegenüber den anderen Teeren, bei denen dieser Wert bei $\sim$ 14% liegt.

Diese Werte sprechen somit auch für eine weitgehende Ähnlichkeit der in den drei Maceralen vorliegenden Harzkomplexe. Dies ist weiter zu belegen durch die an den Pech-I-Fraktionen erhaltenen Ergebnisse der IR-Spektroskopie (s. Tab. 20) und durch die Ergebnisse von Untersuchungen an einem bei 225°C mit dem Azeotrop-Benzol-Äthanol gewonnenen Druckextrakt aus einer Glanzkohle Zollverein (s. [19], näheres bei [22]).

Tab. 20 *Ergebnisse der IR-Spektroskopie der Peche und Extrakte*

| Bindungsart | Vi Z | Vi R | Stufenlose Pyrolyse | | | | Petrolätherunlöslicher B.Ä.-Extrakt |
			MiS Z	MiS R	Ex Z	Ex R	
ar. C=C	+	+	+	+	+	+	+
CH$_{ar.}$	o	o	/	o	/	o	/
CH$_{al.}$	/	/	+	o	+	o	/
C=O	+	+	+	o	+	o	o
C—O—	+	+	+	+	+	+	o
—OH	o	o	o	o	o	o	/

+ starke Bande, / mittelgroße Bande, o schwache Bande

Dieser Druckextrakt wurde mit Petroläther in zwei Fraktionen und das Petrolätherlösliche entsprechend dem Schema Abb. 27 durch Säulenchromatographie in weitere Unterfraktionen zerlegt. In der Aliphatenfraktion fanden sich n- und iso-Paraffine der C-Zahlen C_{10}–C_{36} mit Maxima bei C_{15} und $C_{30/31}$, in der Alkylaromatenfraktion eine Vielzahl von ein- bis vierkernigen Verbindungen, wie sie auch in den Hochvakuumschwelteeren vorlagen. Der Anteil an 3-Ring-Aromaten ist jedoch höher als bei den Schwelteeren, wodurch der dortige höhere Anteil an 2-Ring-Aromaten durch Spaltreaktionen erklärbar wird. Aus der in Petroläther unlöslichen Fraktion (Molgewicht 730) konnten durch Molekulardestillation drei Teilfraktionen mit den in Tab. 21 aufgeführten Strukturdaten hergestellt werden [23].
Ein Vergleich mit Tab. 19 lehrt, daß vor allem die für die Fraktionen II und III ermittelten Werte gut mit denen übereinstimmen, die für die Vitrinitpeche I erhalten wurden.
Insgesamt ist daraus der Schluß zu ziehen, daß der oben diskutierte thermische Effekt bei der Hochvakuumschwelung nur begrenzt sein kann. Das Vorliegen der 3- und 2-Ringsysteme in den Kohleextrakten und Schwelteeren, wie auch der naphthenische Anteil in den 4-, 5- und 6-Ringsystemen, lassen den Schluß zu, daß in dem Harzkomplex der Gasflamm- und Gaskohlen ähnliche Strukturen wie in den pflanzlichen Harzen vorliegen müssen, wenn auch in einer durch die Inkohlung stärker kondensierten Form.
Der relativ hohe Anteil an Methylnaphthalinen (5–10%), Dimethylnaphthalinen (5%)

Tab. 21 *Konstitutionsanalyse der Unterfraktionen des petrolätherunlöslichen Extraktanteiles*

| Fraktion | mittl. Molgewicht | Ringzahlen | | | R. naphth. in % |
		R_{ges}	R. arom.	R. naphth.	
I	306	4,3	3,2	1,1	25,6
II	387	5,5	4,8	0,7	14,6
III	454	6,6	5,9	0,7	11,9

und Methyl- wie Dimethylphenanthrenen (5–10%) in den erhaltenen Alkylaromatfraktionen spricht dafür, daß als Muttersubstanz natürlich vorkommende Harzsäuren, wie Abietinsäure oder Dextroprimarsäure, einen wesentlichen Anteil des Wachs/Harz-Komplexes geliefert haben müssen (s. [21]).
Einen weiteren Beweis dafür lieferte die Untersuchung der aus den Zerlegungsprodukten der Braunkohlen-Humussubstanz bei der gestuften Hochvakuumschwelung E gewonnenen Leichtölfraktionen. Aus dem bei —75 erhaltenen Leichtöl-Wasserkondensat (s. Tab. 4) wurde das Leichtöl mit Äther ausgezogen, der Äther abgedampft, darauf in Chloroform gelöst, die Amine mit 5%iger Salzsäure, die sauren Komponenten (Phenole und Chinone) mit 5%iger Natronlauge ausgezogen und die verbleibende neutrale Leichtöl-Chloroform-Lösung auf eine Silicagel-Säule aufgegeben. Durch Eluieren mit Petroläther konnten eine Aliphatenfraktion und mit Benzol eine Alkylaromaten-Fraktion gewonnen werden, die anschließend gaschromatographisch analysiert wurden. Bei der Beurteilung der in Tab. 22 aufgeführten Ergebnisse ist zu beachten, daß in den Zerlegungsprodukten der Braunkohlen-Humussubstanz nur noch die durch das Azeotrop Benzol-Alkohol nicht gelösten Rest-Wachs/Harz-Anteile vorhanden sind, die in den KOH- und DMF-Restkohlen angereichert werden (s. Abb. 22), und daß das Teerausbringen durch die Zerlegungsoperation gegenüber der Humussubstanz erhöht wird (Abb. 12a und c), jedoch sind die Verhältnisse von Schwer- zu Leichtfraktion in allen Fällen etwa gleich.

Tab. 22 Aliphaten und Alkylaromaten der Leichtfraktion

Substanz	Schwerfraktion g/100 g K	Leichtfraktion g/100 g K	Aliph. C-Zahl-Bereich	Maxima	Alkylaromaten 1 2 3 4 5 6 7 8
Humussubstanz	1,61	1,41	–	–	
KOH-Restkohle	7,66	7,12	C_{14}–C_{24}	C_{15}–C_{19}	/ / / – – – / /
DMF-Extrakt	5,6	3,61	C_{11}–C_{20}	C_{14}–C_{17}	– – / – / / – /
DMF-Restkohle	4,19	3,79	C_{12}–C_{37}	C_{14}, C_{16}, C_{32}	/ / – – / / / /

1 = Thionaphthen, 2 = Diphenyl, 3 = Dimethylnaphthaline, 4 = Acenaphthen, 5 = Diphenylenoxyd, 6 = Fluoren, 7 = Methylfluoren, 8 = Anthracen/Phenanthren.

Im Vergleich mit den bei den jüngeren Steinkohlen ausgebrachten und gaschromatographisch nachgewiesenen Aliphaten ist festzustellen, daß hier die ununterbrochene Reihe der C-Zahlen erst mit C_{11} beginnt und daß das dort beobachtete Maximum im Bereich von C_{15}–C_{18} auch hier vorliegt. Zusätzlich wurde jedoch noch ein Maximum bei C_{32} beobachtet. Die Gaschromatogramme der Alkylaromaten-Fraktionen (s. Abb. 28) ähnelten in ihrem Aufbau und der Zahl der vorliegenden Peaks ebenfalls denen der Steinkohlen-Fraktionen entsprechender Siedebereiche. Das kommt auch darin zum Ausdruck, daß in beiden Fällen Naphthalinhomologe, Acenaphthen, Fluoren, Methylfluorene und Anthracen/Phenanthren identifiziert werden konnten.
Für die Bearbeitung der vorstehend behandelten Themen bin ich meinen Mitarbeitern zu Dank verpflichtet. Die Untersuchungen gemäß Verfahren A wurden von Herrn Dipl.-Chem. P. UNRATH, die gemäß Verfahren B durch Herrn Dipl.-Chem. W. WENDT durchgeführt, die Analyse der Teere durch die Herren Dipl.-Chem. H.-G. GOEBGEN und Dipl.-Phys. A. KLUSMANN und schließlich die Untersuchungen über die Braunkohlen-Substanzen von Herrn Dipl.-Chem. KL. SEIBOLD.

8. Literaturverzeichnis

[1] Kröger, C., Brennstoffchemie 44 (1963), 347–349.
[2] Kröger, C., und P. Unrath, Brennstoffchemie 45 (1964), 9–15, ferner Diss. Unrath, P., TH Aachen 1964.
[3] Siehe Wendt, W., Diss., TH Aachen 1968.
[4] Siehe Kotthoff, C.-L., Diss., TH Aachen 1968.
[5] Fischer, Fr., und H. Schrader, Brennstoffchemie 1 (1920), 87.
[6] Peters, W., Gas- u. Wasserfach 99 (1958), 1045–1054; Chemie Ing. Technik 32 (1960), 178.
[7] Fischer, K., s. DIN 51777, Bestimmung des Wassergehaltes von Mineralölen (s. auch [4]).
[8] Siehe Seibold, Kl., Diss., TH Aachen 1969.
[9] Kröger, C., und W. Wassenberg, Aufbereitungstechnik Nr. 10 (1965), 577–585; siehe Wassenberg, W., Diss., TH Aachen 1964.
[10] Siehe Darsow, G., Diss., TH Aachen 1965.
[11] Kröger, C., Erdöl und Kohle 17 (1964), 802–811.
[12] Kröger, C., Brennstoffchemie 49 (1968), 359–364.
[13] Kröger, C., Erdöl und Kohle 19 (1966), 643–644.
[14] Kröger, C., und R. Brücker, Brennstoffchemie 42 (1961), 245, 305.
[15] van Heek, K. H., H. Jüntgens und W. Peters, Brennstoffchemie 48 (1967), 163.
[16] van Heek, K. H., Diss., TH Aachen 1966.
[17] Kröger, C., G. Darsow und K. Fuhr, Erdöl und Kohle 18 (1965), 701–705.
[18] Lindemann, F., Diplomarbeit, TH Aachen, Inst. f. Brennstoffchemie u. phys.-chem. Verfahrenstechnik 1969.
[19] Kröger, C., Brennstoffchemie 49 (1968), 149–153.
[20] Karr, C., Fuel 39 (1960), 119; 41 (1962), 167.
[21] Kröger, C., H.-G. Goebgen und A. Klusmann, Brennstoffchemie 45 (1964), 170–178.
[22] Otten, H., Diss., TH Aachen 1968.
[23] Schüller, O., Diss., TH Aachen 1967.

9. Anhang

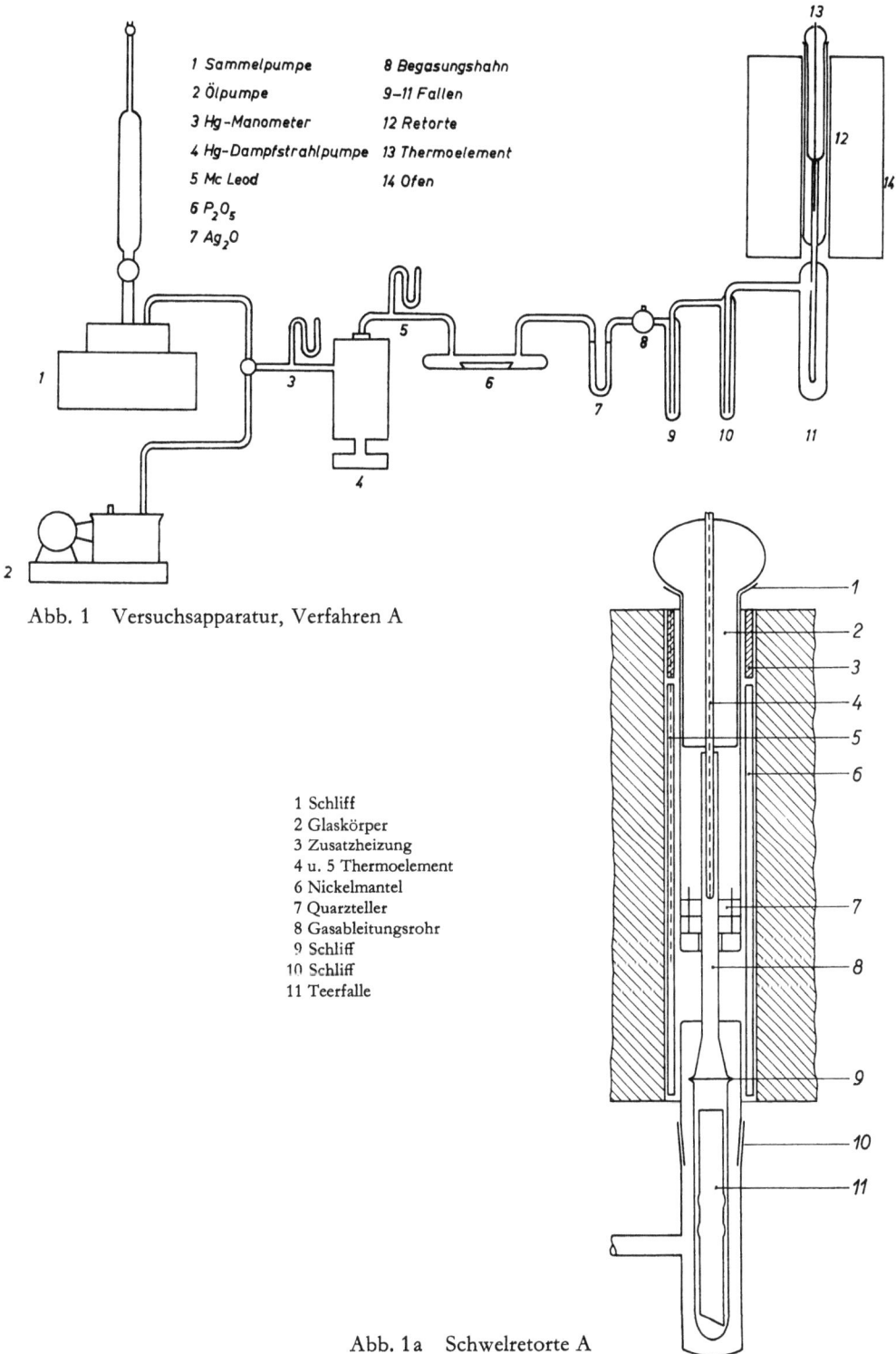

Abb. 1 Versuchsapparatur, Verfahren A

1 Sammelpumpe
2 Ölpumpe
3 Hg-Manometer
4 Hg-Dampfstrahlpumpe
5 Mc Leod
6 P_2O_5
7 Ag_2O
8 Begasungshahn
9–11 Fallen
12 Retorte
13 Thermoelement
14 Ofen

1 Schliff
2 Glaskörper
3 Zusatzheizung
4 u. 5 Thermoelement
6 Nickelmantel
7 Quarzteller
8 Gasableitungsrohr
9 Schliff
10 Schliff
11 Teerfalle

Abb. 1a Schwelretorte A

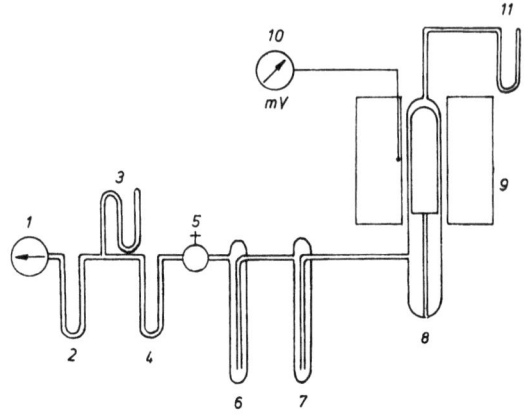

1	Vakuumanlage s Abb 1	6-7	Kühlfallen
2	P_2O_5	8	Retorte
3	Hg-Manometer	9	Ofen
4	Ag_2O auf Bimsstein	10	Thermoelement
5	Begasungshahn	11	Mc Leod

Abb. 2 Versuchsapparatur, Verfahren B

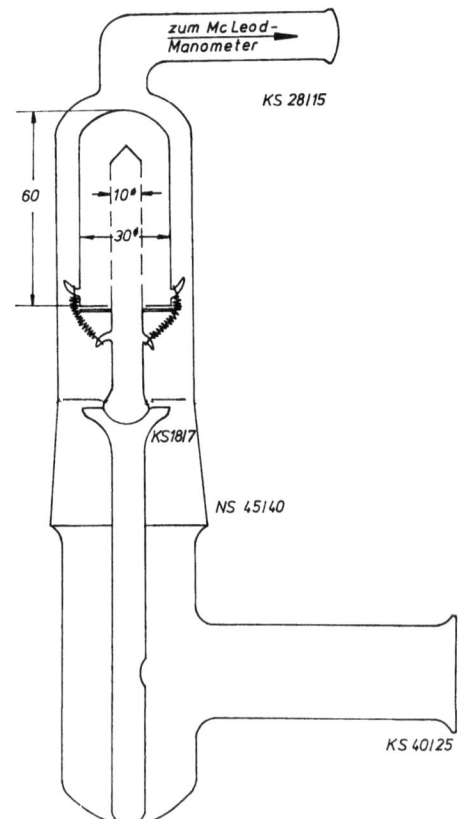

Abb. 2a Schwelretorte B

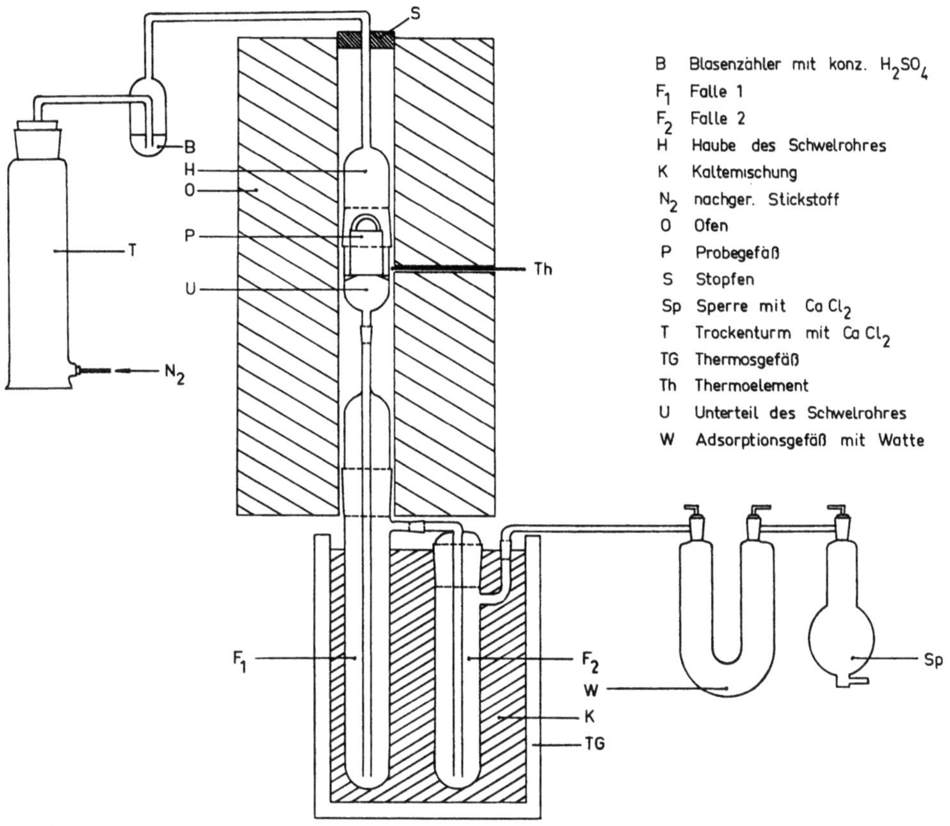

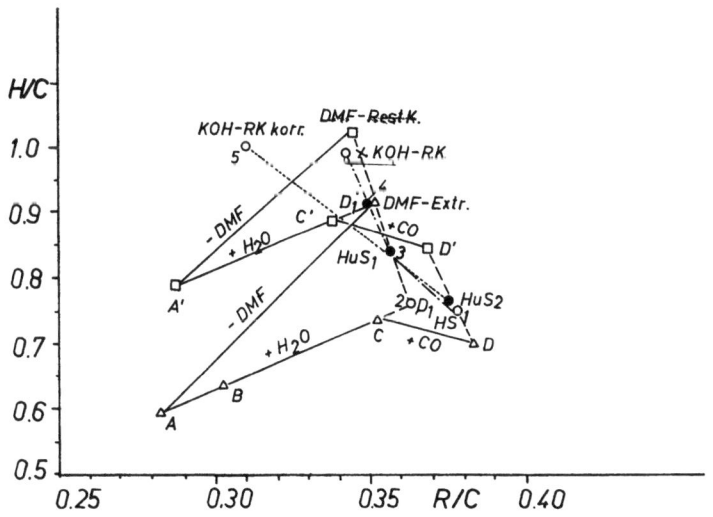

S
B
H
O
P
U
T
N2
Th
B Blasenzähler mit konz. H2SO4
F1 Falle 1
F2 Falle 2
H Haube des Schwelrohres
K Kaltemischung
N2 nachger. Stickstoff
O Ofen
P Probegefäß
S Stopfen
Sp Sperre mit Ca Cl2
T Trockenturm mit Ca Cl2
TG Thermosgefäß
Th Thermoelement
U Unterteil des Schwelrohres
W Adsorptionsgefäß mit Watte
F1
F2
W
K
TG
Sp

Abb. 3 Versuchsapparatur, Verfahren C

H/C
1.0
0.9
0.8
0.7
0.6
0.5
0.25
0.30
0.35
R/C
0.40
KOH-RK korr.
DMF-Rest K.
KOH-RK
DMF-Extr.
- DMF
+ H2O
+ CO
HuS1
HuS2
HS
A'
C'
D'
A
B
C
D
D1

Abb. 4 Disproportionierung der Braunkohlenhumussubstanzen HuS_1 und HuS_2 durch Kalilauge bzw. Dimethylformamid im H/C-R/C-Diagramm

Abb. 5 Gesamtgasausbeuten in Abhängigkeit vom Flüchtigengehalt der Kohlen

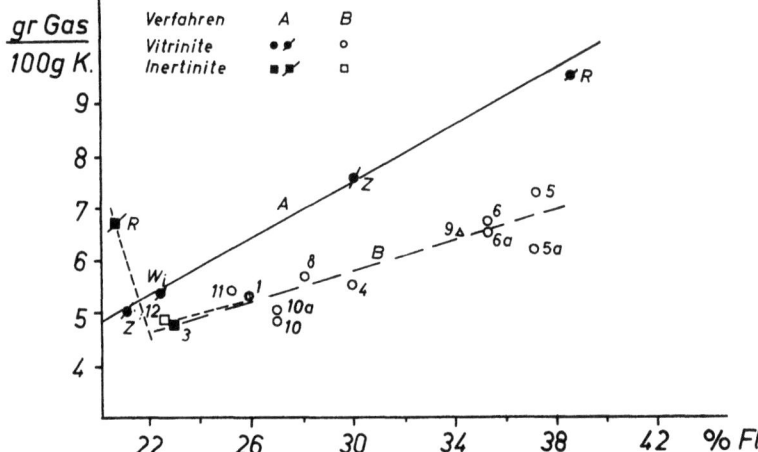

Abb. 5a Hochvakuumschwelung, Verfahren A und B

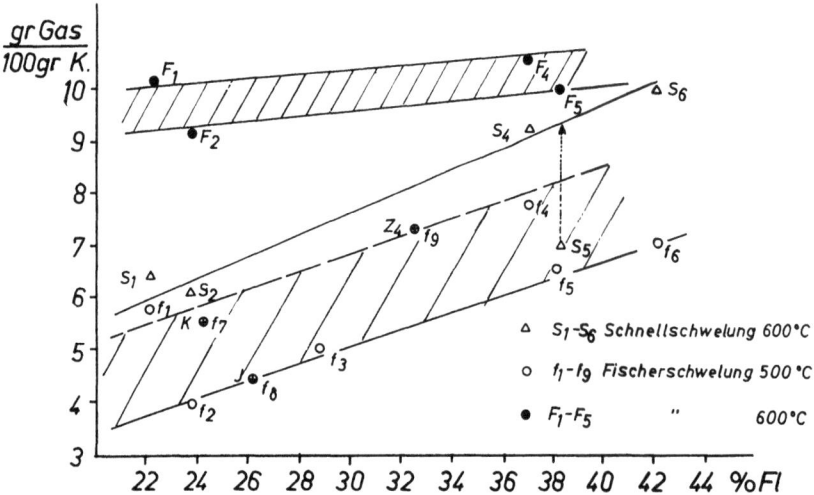

Abb. 5b FISCHER-Schwelung (Verfahren D) und Normaldruckschnellschwelung (Verfahren E)

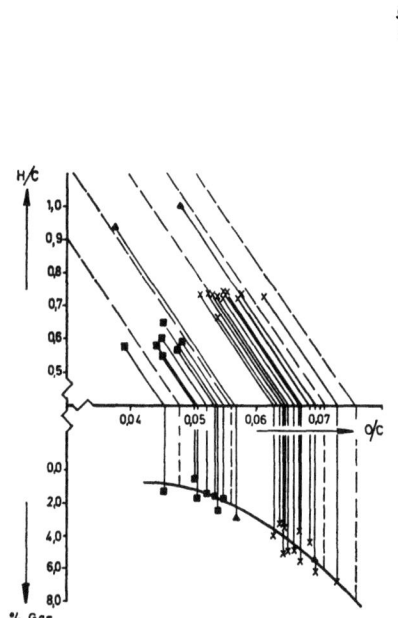

Abb. 6
Gesamtgasausbeuten in Abhängigkeit vom H/C-O/C-Gehalt der Maceralfraktionen Flöz Zollverein (Verfahren C)

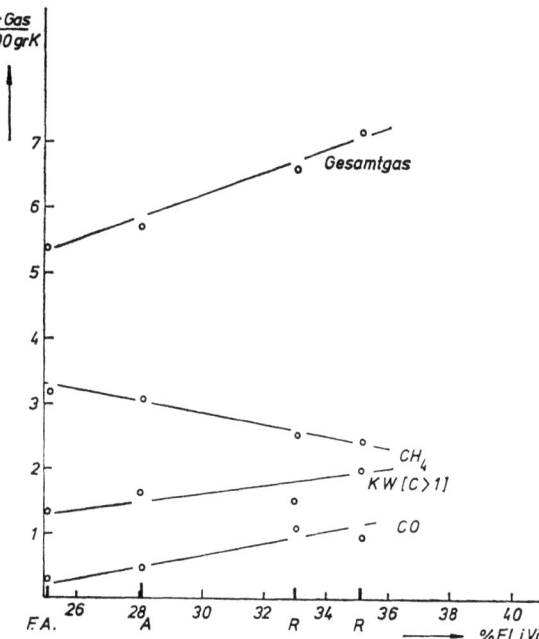

Abb. 7
Abhängigkeit des Ausbringens an CH_4 und KWSt. C > 1 vom Flüchtigengehalt der Vitrinite (Verfahren B)

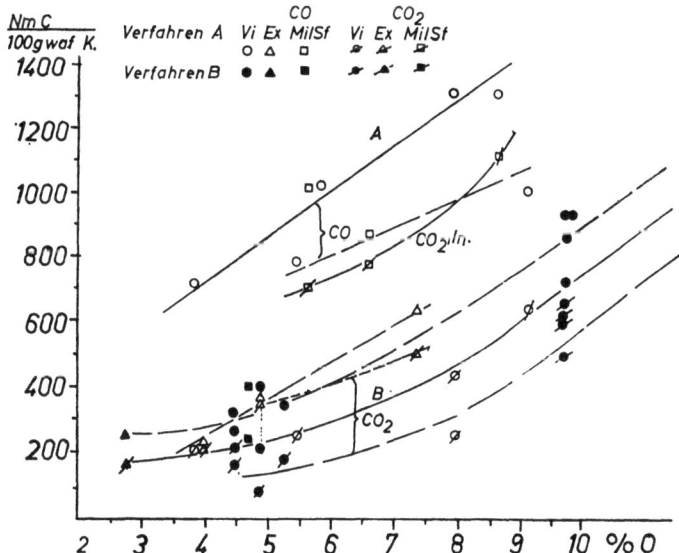

Abb. 8 Abhängigkeit des Ausbringens an CO und CO_2 vom Sauerstoffgehalt der Kohlen (Verfahren A und B)

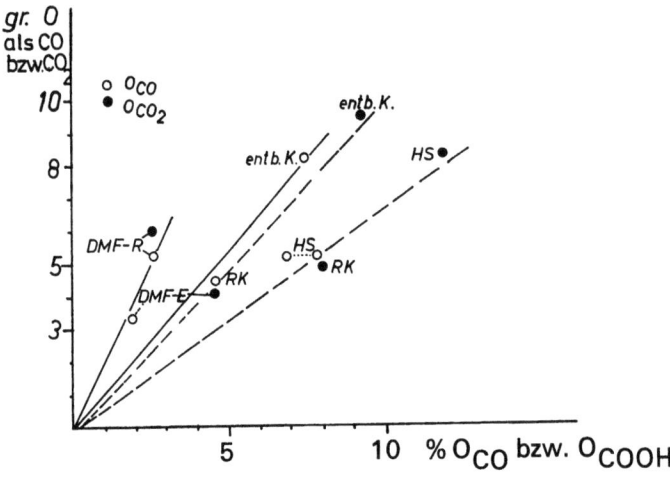

Abb. 9 Abhängigkeit des Ausbringens an CO und CO_2 vom O_{CO}- und O_{COOH}-Gehalt der Braunkohlensubstanzen

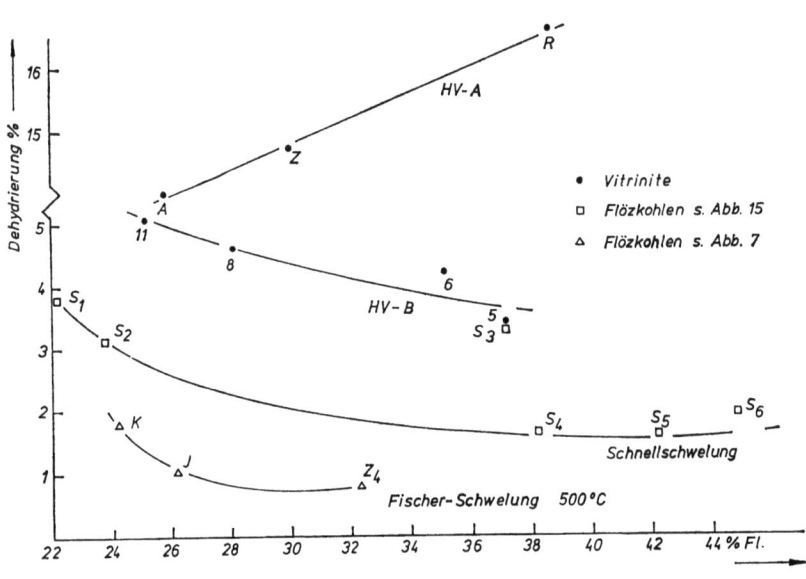

Abb. 10 Verfahrensabhängigkeit der Wasserstoffabspaltung vom Flüchtigengehalt der Vitrinite und Flözkohlen

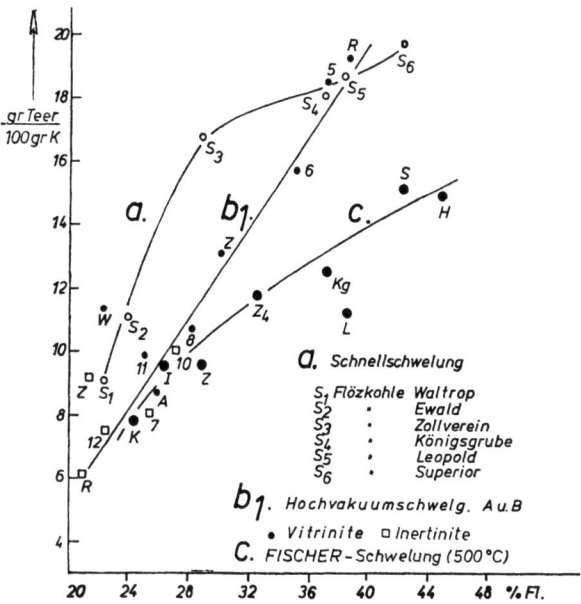

Abb. 11 Verfahrensabhängigkeit der Teerausbeuten vom Flüchtigengehalt der Kohlen

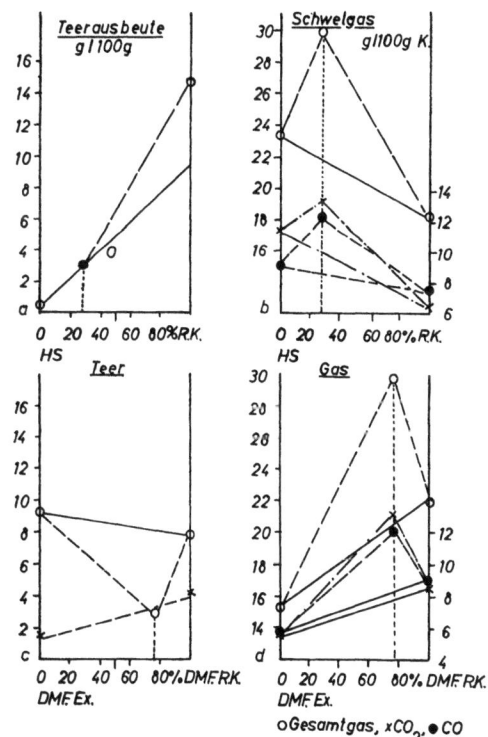

Abb. 12 Teer- und Gasbildung (Gesamtgas, CO und CO_2) in den binären Systemen a) und b) Huminsäure-KOH·Restkohle und c) und d) DMF-Extrakt und -Restkohle

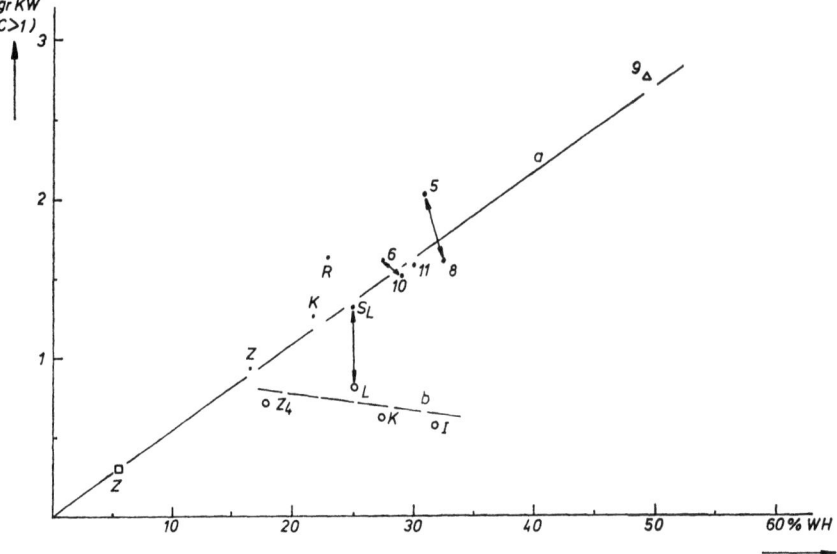

Abb. 13 Verfahrensabhängigkeit des Gesamtausbringens an KWSt. $C > 1$ vom Wachs/Harz-Gehalt der Kohlen
  a) Hochvakuumschwelung (Verfahren A und B)
  b) FISCHER-Schwelung (Verfahren D)

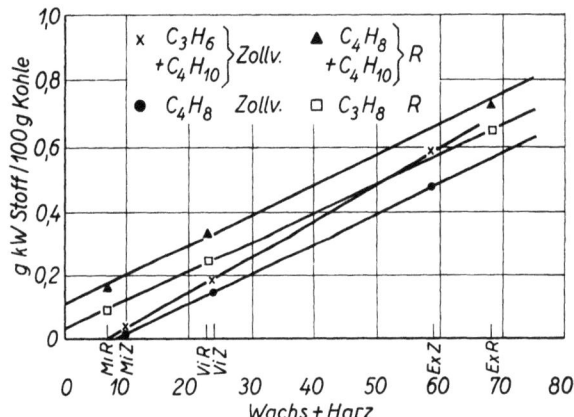

Abb. 14 Proportionalität zwischen KWSt.-Ausbringen (C_3, C_4) und dem Wachs/Harz-Gehalt der Kohlen (Verfahren A)

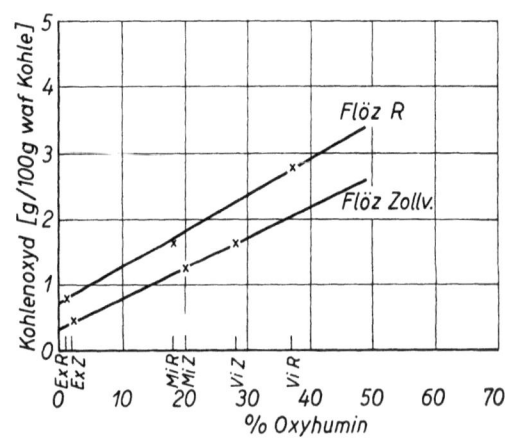

Abb. 15 Abhängigkeit des CO-Ausbringens vom Oxyhumin-Gehalt der Macerale Flöz Zollverein und R

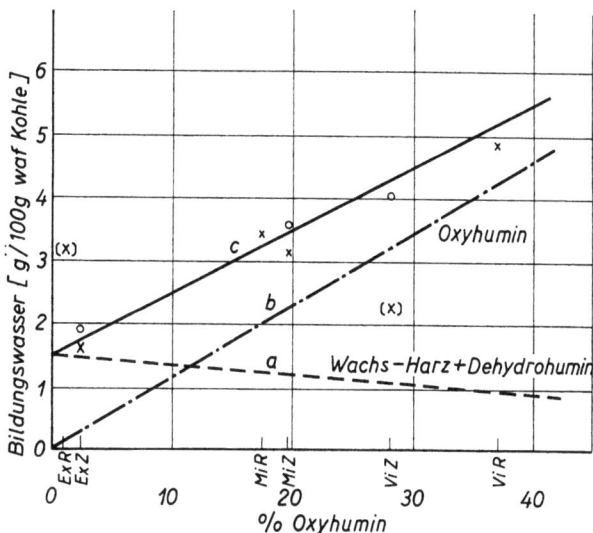

Abb. 16 Abhängigkeit des Bildungswasser-Ausbringens vom Oxyhumingehalt der Macerale Zollverein und R (Verfahren A)

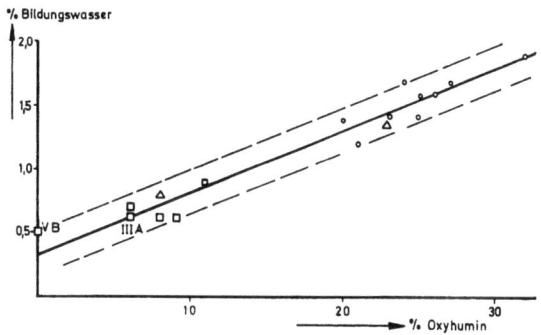

Abb. 17 Ausbringen von Bildungswasser bei den Maceralfraktionen Zollverein nach Verfahren C (s. Tab. 5) in Abhängigkeit vom Oxyhumingehalt

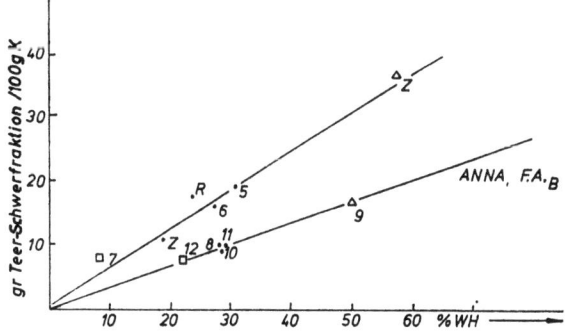

Abb. 18 Abhängigkeit des Teerausbringens (Verfahren B) vom Wachs/Harz-Gehalt der Kohlen (Probenbezeichnung s. Tab. 3)

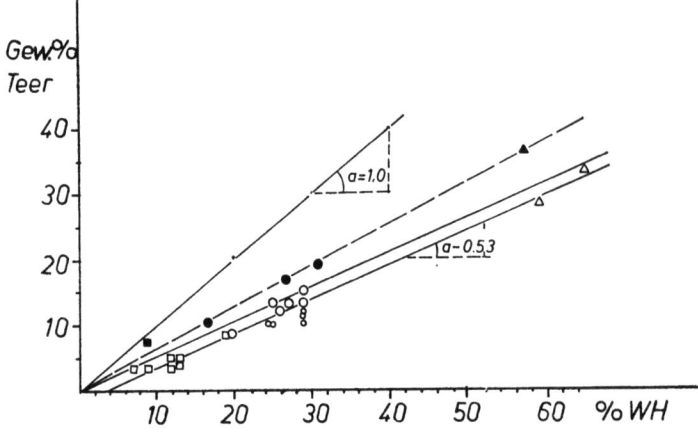

Abb. 19 Teerausbringen der Macerale Zollverein
(Verfahren C [helle] und A [dunkle Zeichen])

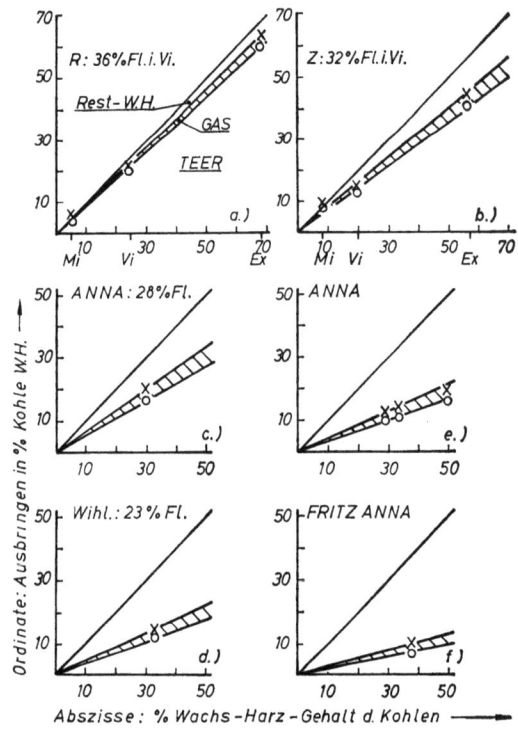

Abb. 20 Teer- und WH-Zersetzungsgas-Ausbringen in Abhängigkeit vom Wachs/Harz-Gehalt der Kohlen unterschiedlichen Inkohlungsgrades
a) bis d) Verfahren A; e) und f) Verfahren B

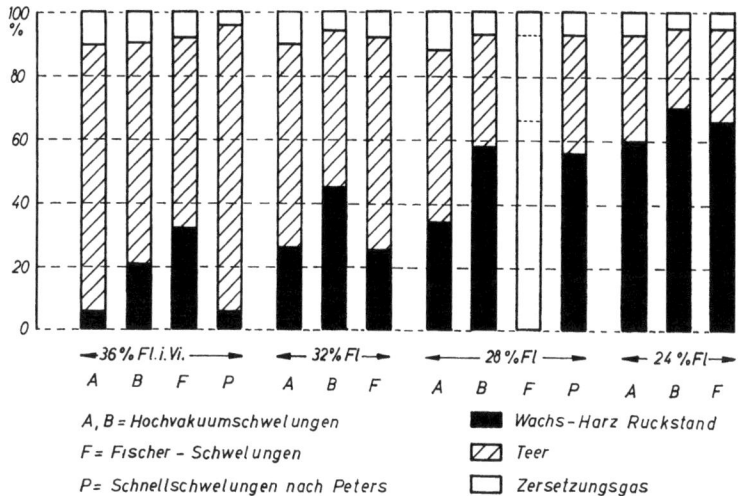

Abb. 21 Anfall an Teer, WH-Zersetzungsgas und -Rückstand (in % des vorliegenden Kohlen-Wachs/Harzes) in Abhängigkeit von der Schwelart

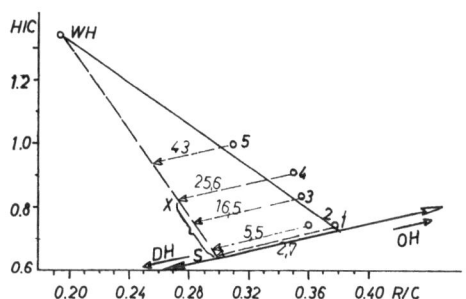

Abb. 22 Ermittlung des Wachs/Harz-Gehaltes der Braunkohlensubstanzen

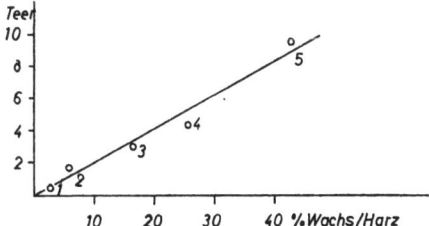

Abb. 23 Ausgebrachte Teermengen – auf ursprüngliche Br.-Kohlesubstanz bezogen – in Abhängigkeit von deren Wachs/Harz-Gehalt

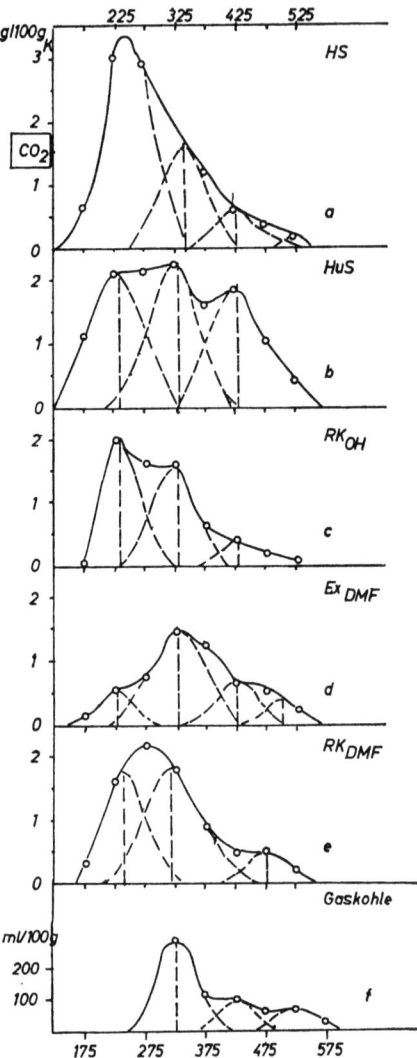

Abb. 24 Temperaturabhängigkeit des CO_2-Ausbringens bei der stufenweisen Schwelung der Braunkohlensubstanzen (Verfahren E), »f« für Vitrinit Zollverein [14]

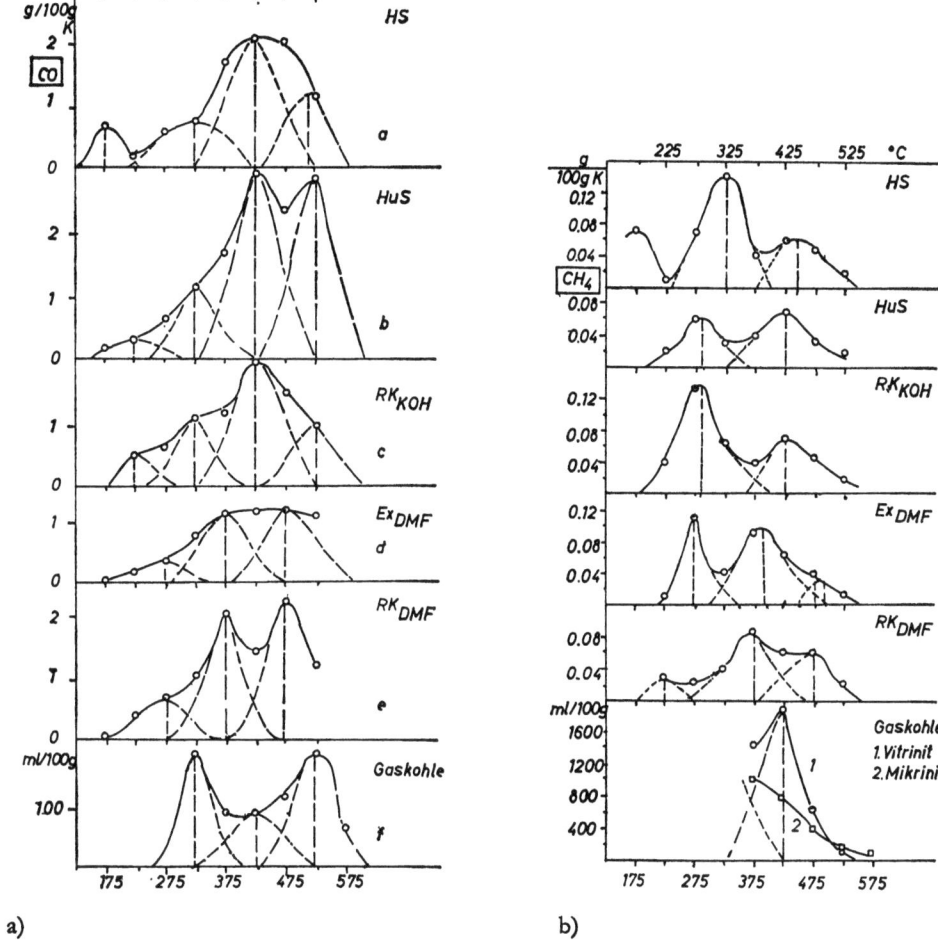

Abb. 25 Temperaturabhängigkeit a) des CO-, b) des CH$_4$-Ausbringens bei der stufenweisen Schwelung
a bis e: Braunkohlensubstanzen; f: Vitrinit (1) und Mikrinit (2) Zollverein

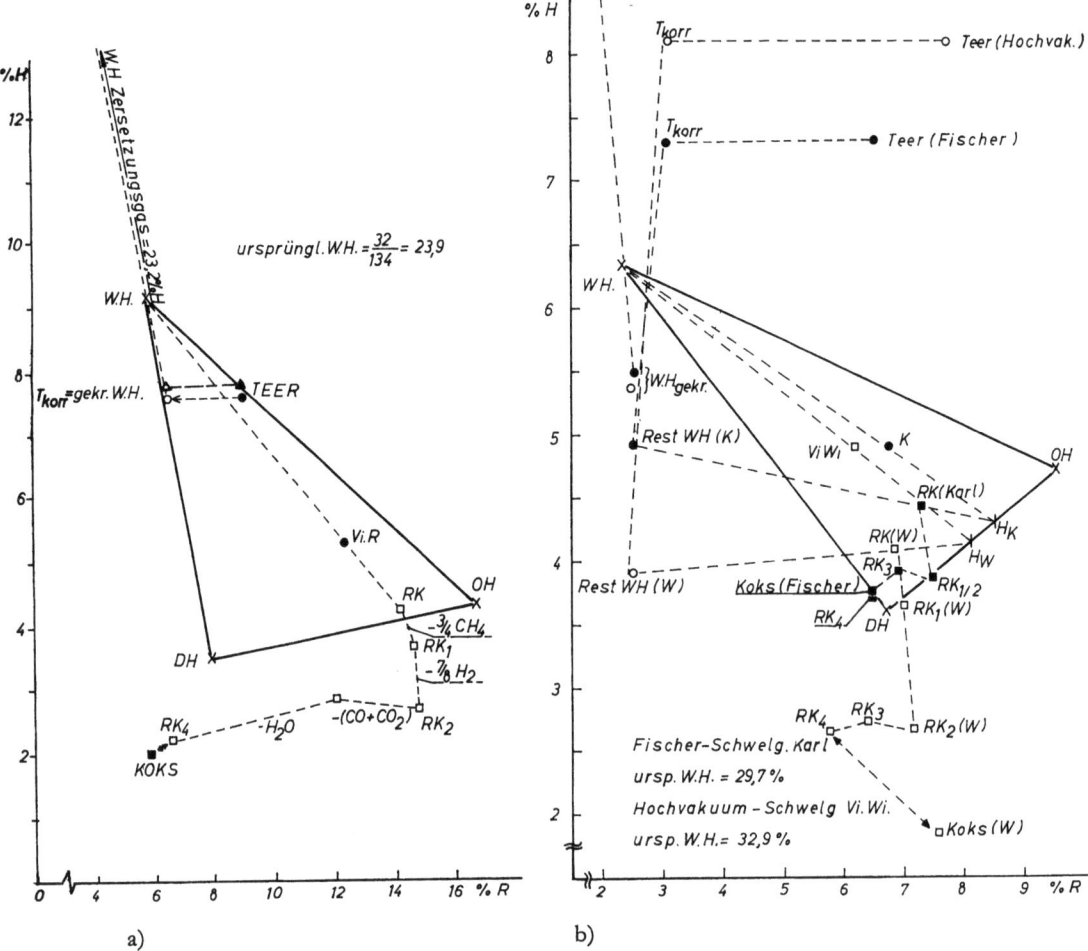

Abb. 26 Teer- und Koksbildung a) aus Vitrinit R, Verfahren A, Dreiecke: Verfahren B, b) helle Zeichen: Vitrinit Wilhelm, Verfahren A, dunkle Zeichen: Flözkohle Karl, Verfahren D

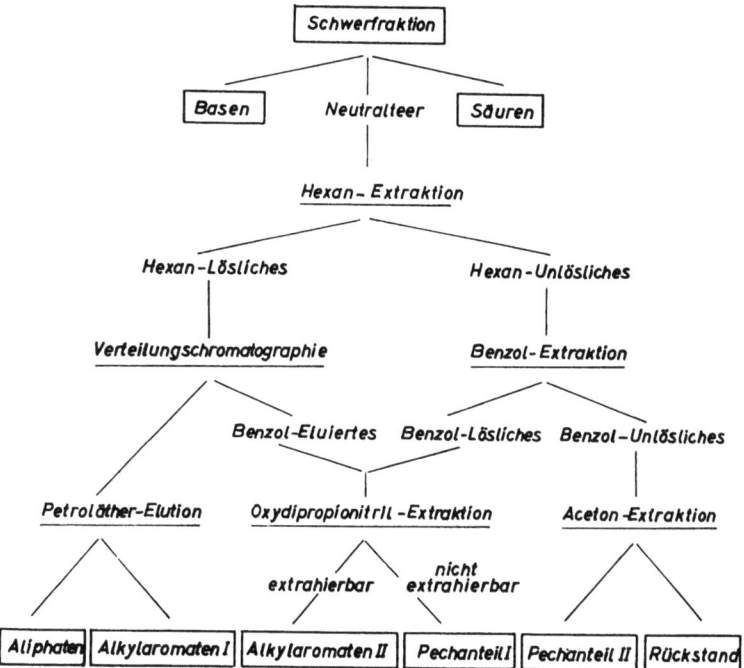

Abb. 27 Schema der Auftrennung der Teer-Schwerfraktion

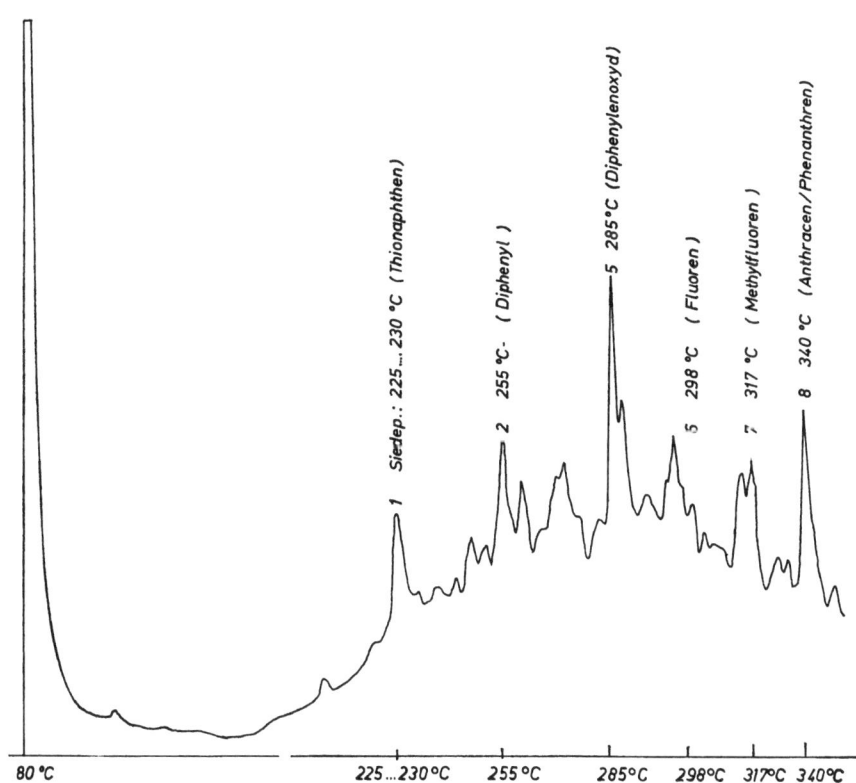

Abb. 28 Gaschromatogramm der Alkylaromaten-Leichtölfraktion aus der DMF-Restkohle der Braunkohlen-Humussubstanz (s. Tab. 4)

Forschungsberichte des Landes Nordrhein-Westfalen

Herausgegeben im Auftrage des Ministerpräsidenten Heinz Kühn
von Staatssekretär Professor Dr. h. c. Dr. E. h. Leo Brandt

Sachgruppenverzeichnis

Acetylen · Schweißtechnik
Acetylene · Welding gracitice
Acétylène · Technique du soudage
Acetileno · Técnica de la soldadura
Ацетилен и техника сварки

Arbeitswissenschaft
Labor science
Science du travail
Trabajo científico
Вопросы трудового процесса

Bau · Steine · Erden
Constructure · Construction material ·
Soil research
Construction · Matériaux de construction ·
Recherche souterraine
La construcción · Materiales de construcción ·
Reconocimiento del suelo
Строительство и строительные материалы

Bergbau
Mining
Exploitation des mines
Minería
Горное дело

Biologie
Biology
Biologie
Biologia
Биология

Chemie
Chemistry
Chimie
Quimica
Химия

Druck · Farbe · Papier · Photographie
Printing · Color · Paper · Photography
Imprimerie · Couleur · Papier · Photographie
Artes gráficas · Color · Papel · Fotografía
Типография · Краски · Бумага · Фотография

Eisenverarbeitende Industrie
Metal working industry
Industrie du fer
Industria del hierro
Металлообрабатывающая промышленность

Elektrotechnik · Optik
Electrotechnology · Optics
Electrotechnique · Optique
Electrotécnica · Optica
Электротехника и оптика

Energiewirtschaft
Power economy
Energie
Energía
Энергетическое хозяйство

Fahrzeugbau · Gasmotoren
Vehicle construction · Engines
Construction de véhicules · Moteurs
Construcción de vehículos · Motores
Производство транспортных средств

Fertigung
Fabrication
Fabrication
Fabricación
Производство

Funktechnik · Astronomie
Radio engineering · Astronomy
Radiotechnique · Astronomie
Radiotécnica · Astronomía
Радиотехника и астрономия

Gaswirtschaft
Gas economy
Gaz
Gas
Газовое хозяйство

Holzbearbeitung
Wood working
Travail du bois
Trabajo de la madera
Деревообработка

Hüttenwesen · Werkstoffkunde
Metallurgy · Materials research
Métallurgie · Matériaux
Metalurgia · Materiales
Металлургия и материаловедение

Kunststoffe
Plastics
Plastiques
Plásticos
Пластмассы

Luftfahrt · Flugwissenschaft
Aeronautics · Aviation
Aéronautique · Aviation
Aeronáutica · Aviación
Авиация

Luftreinhaltung
Air-cleaning
Purification de l'air
Purificación del aire
Очищение воздуха

Maschinenbau
Machinery
Construction mécanique
Construcción de máquinas
Машиностроительство

Mathematik
Mathematics
Mathématiques
Mathemáticas
Математика

Medizin · Pharmakologie
Medicine · Pharmacology
Médecine · Pharmacologie
Medicina · Farmacología
Медицина и фармакология

NE-Metalle
Non-ferrous metal
Metal non ferreux
Metal no ferroso
Цветные металлы

Physik
Physics
Physique
Física
Физика

Rationalisierung
Rationalizing
Rationalisation
Racionalización
Рационализация

Schall · Ultraschall
Sound · Ultrasonics
Son · Ultra-son
Sonido · Ultrasónico
Звук и ультразвук

Schiffahrt
Navigation
Navigation
Navegación
Судоходство

Textilforschung
Textile research
Textiles
Textil
Вопросы текстильной промышленности

Turbinen
Turbines
Turbines
Turbinas
Турбины

Verkehr
Traffic
Trafic
Tráfico
Транспорт

Wirtschaftswissenschaften
Political economy
Economie politique
Ciencias económicas
Экономические науки

Einzelverzeichnis der Sachgruppen bitte anfordern

 Springer Fachmedien Wiesbaden GmbH

MIX
Papier aus verantwortungsvollen Quellen
Paper from responsible sources
FSC® C105338

If you have any concerns about our products,
you can contact us on
ProductSafety@springernature.com

In case Publisher is established outside the EU,
the EU authorized representative is:
**Springer Nature Customer Service Center GmbH
Europaplatz 3, 69115 Heidelberg, Germany**

Printed by Libri Plureos GmbH
in Hamburg, Germany